CHIMIE

APPLIQUÉE

A L'AGRICULTURE.

CET OUVRAGE SE TROUVE AUSSI,

A Bordeaux, chez Madame V^e. BERGERET, Libraire;
A Bruxelles, chez STAPLEAUX, Imprimeur-Libraire;
A Genève, chez PASCHOUD, Imprimeur-Libraire;
A Toulouse, chez DOULADOUR, Imprimeur-Libraire.

IMPRIMERIE DE MADAME HUZARD
(NÉE VALLAT LA CHAPELLE).

CHIMIE

APPLIQUÉE

A L'AGRICULTURE,

PAR M. LE COMTE CHAPTAL,

PAIR DE FRANCE, CHEVALIER DE L'ORDRE ROYAL DE SAINT-MICHEL, GRAND-OFFICIER DE LA LÉGION-D'HONNEUR, MEMBRE DE L'ACADÉMIE ROYALE DES SCIENCES DE L'INSTITUT DE FRANCE, DE LA SOCIÉTÉ ROYALE ET CENTRALE, ET DU CONSEIL ROYAL D'AGRICULTURE, ETC., ETC., ETC.

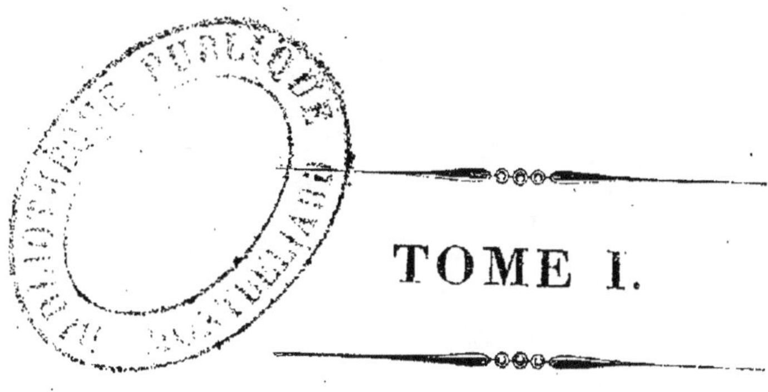

TOME I.

A PARIS,

CHEZ MADAME HUZARD, IMPRIMEUR-LIBRAIRE,

RUE DE L'ÉPERON, N°. 7.

1823.

TABLE DES CHAPITRES.

TOME PREMIER.

Pag.

Discours préliminaire...................... 1

CHAPITRE PREMIER. — Vues générales sur l'atmosphère, considérée dans ses rapports avec la végétation........................... 1

Article premier. — Des fluides pondérables contenus dans l'atmosphère.................... 3

Article II. — Des fluides impondérables contenus dans l'atmosphère..................... 18

CHAPITRE II. — De la nature des terres et de leur action sur la végétation.............. 32

Article premier — Du terreau............... 34

Article II. — De la nature des sols.......... 41

Article III. — De la formation des terres arables. 43

Article IV.—De la composition des terres arables. 53

Article V. — Des propriétés de différentes terres. 66

Article VI. — Des propriétés des mélanges terreux, et moyen de les disposer à une bonne culture...................................... 83

Pag.

Article VII. — De l'analyse des terres arables... 98

CHAPITRE III. — De la nature et de l'action des engrais.................................... 109

Article premier. — Des engrais nutritifs....... 110

Article II. — Des engrais stimulans........... 145

CHAPITRE IV. — De la germination 171

CHAPITRE V. — De la nutrition des plantes..... 177

Article premier. —Influence de l'acide carbonique sur la nutrition............................ 178

Article II. — Action du gaz oxigène sur la nutrition....................................... 182

Article III. — Action de l'air sur les fruits..... 190

Article IV. — Action de l'eau dans les phénomènes de la nutrition........................ 198

Article V. — Suite de la nutrition des végétaux. 204

Article VI. — Résumé des phénomènes de la nutrition des plantes............................ 222

CHAPITRE VI. — Des amendemens du sol...... 237

CHAPITRE VII. — Des assolemens........... 270

Premier principe. — Toute plante épuise le sol... 272

Deuxième principe. — Toutes les plantes n'épuisent pas également le sol........................ 273

Troisième principe. — Les plantes de différens genres n'épuisent pas le sol de la même manière... 276

Pag.

Quatrième principe. — Toutes les plantes ne rendent pas au sol la même quantité ni la même
qualité d'engrais.................................... 279

Cinquième principe. — Toutes les plantes ne salissent pas également le sol......................... 280

CHAPITRE VIII. — Tableau des produits de l'agriculture française.................................. 296

TOME SECOND.

CHAPITRE IX. — De la nature et des usages des
produits de la végétation........................ 1

ARTICLE PREMIER. — Gomme et mucilage....... 6

ARTICLE II. Amidon ou fécules................. 9

ARTICLE III. Sucre........................... 17

ARTICLE IV. Cire............................. 21

ARTICLE V. Huiles........................... 24

ARTICLE VI. Résines......................... 35

ARTICLE VII. — Fibre végétale............... 39

ARTICLE VIII. — Gluten et albumine........... 51

ARTICLE IX. Le tannin....................... 58

ARTICLE X. Les acides végétaux.............. 61

ARTICLE XI. — Les alcalis fixes............. 82

CHAPITRE X. — De la conservation des substances animales et végétales................ 110

Pag.

ARTICLE PREMIER. — De la conservation des produits de la terre par le moyen de la dessication. 113

ARTICLE II. — De la conservation des fruits de la
terre en les préservant de l'action de l'air, de
l'eau et de la chaleur.... 124

ARTICLE III. — De la conservation des alimens
par les sels et les liqueurs spiritueuses.......... 150

CHAPITRE XI. — Du lait et de ses produits... 169

ARTICLE PREMIER. — De la crême................172

ARTICLE II. — Du beurre...................... 174

ARTICLE III. — De la matière caséeuse........... 184

CHAPITRE XII. — De la fermentation........... 201

CHAPITRE XIII. — De la distillation......... 233

CHAPITRE XIV. — Moyens de préparer des bois-
sons saines à l'usage des habitans de la campagne....... 278

CHAPITRE XV. — Des habitations rurales pour
les hommes et les animaux, et des moyens de les
assainir.................................... 307

CHAPITRE XVI. — Lessive économique....... 320

CHAPITRE XVII. — De la culture du pastel et
de l'extraction de son indigo................. 335

ARTICLE PREMIER. — De la culture du pastel.... 336

ARTICLE II. — Préparation des coques de pastel. 341

ARTICLE III. — De l'extraction de l'indigo du pastel.................................... 352

CHAPITRE XVIII. — De la culture de la betterave et de l'extraction de son sucre............. 382

SECTION PREMIÈRE. — De la culture de la betterave.............................. 383

ARTICLE PREMIER. — Du choix de la graine..... 384

ARTICLE II. — Du choix du terrain............. 386

ARTICLE III. — De la préparation du sol........ 389

ARTICLE IV. — De la manière de semer la graine de betterave................................ 390

ARTICLE V. — Des soins qu'exige la betterave pendant sa végétation....................... 393

ARTICLE VI. — De l'arrachement des betteraves. 395

ARTICLE VII. — De la conservation des betteraves. 397

SECTION II. — De l'extraction du sucre de betterave.............................. 400

ARTICLE PREMIER. — De l'épluchement des betteraves.............................. 401

ARTICLE II. — Du râpage des betteraves....... 402

ARTICLE III. — De l'extraction du suc.......... 403

ARTICLE IV. — De la défécation du suc........ 406

ARTICLE V. — De la concentration ou évaporation du suc dépuré........................... 413

Pag.

Article VI. — De la cuite des sirops.......... 416

Article VII. — De la cuite des mélasses et des sirops du lessivage.......................... 426

SECTION III. — Du raffinage du sucre de bette-rave.................................... 429

Article premier. — De la clarification......... 430

Article II. — Du blanchiment du sucre....... 433

SECTION IV. — De la distillation des mélasses.. 444

SECTION V. — Du produit d'une sucrerie..... 451

Article premier. — Du produit en sucre...... 452

Article II. — Des produits accessoires........ 453

Article III. — De la valeur des produits....... ibid.

SECTION VI. — De la dépense d'une sucrerie.. 457

SECTION VII. — Considérations générales.... 464

FIN DE LA TABLE DES CHAPITRES.

DISCOURS

PRÉLIMINAIRE.

Sans l'agriculture, les hommes vivraient errans sur le globe, se disputant entre eux la dépouille des animaux et quelques fruits sauvages : on ne connaîtrait ni société ni patrie.

En multipliant les subsistances, l'agriculture a permis aux habitans de la terre de se réunir pour se prêter des secours mutuels : tandis que les uns travaillent le sol pour le forcer à produire, les autres cultivent les arts qui fournissent à la société les produits industriels dont elle a besoin. C'est ainsi que, par des échanges et des communications réciproques, furent créés le commerce et la civilisation.

Si le séjour des cités, la vie sédentaire et la pratique de plusieurs arts, amollissent et énervent une portion de l'espèce humaine, l'agriculture conserve la population des campagnes dans un état de force, de santé et de bonnes mœurs, qui répare sans cesse la partie dégénérée de la société; et ce n'est pas là un de ses moindres bienfaits.

Chez toutes les nations, l'agriculture est la source la plus pure de la prospérité publique : placées sous des climats différens, leurs productions et la culture varient à l'infini; mais le commerce répartit les produits, et chaque peuple est ainsi appelé à jouir de tous les fruits de la terre.

Ces échanges respectifs ont lié les nations entre elles, les ont rendues dépendantes les unes des autres, et ont fait pénétrer par-tout les lumières et l'industrie.

L'agriculteur est donc au premier rang parmi les hommes : par quelle fatalité son état a-t-il été constamment, en France, misérable et avili ? Ceux même dont il nourrissait le luxe et la mollesse, l'ont souvent réduit à envier le sort des animaux qu'il associait à ses travaux : les corvées, la dîme, les droits féodaux, ne lui laissaient pour sa subsistance que les plus vils produits de ses cultures ; il arrosait la terre de ses sueurs et les fruits étaient pour autrui.

Dans cet état de misère et d'avilissement, l'agriculteur suivait aveuglément la routine qui lui était tracée : sans émulation, sans lumières et presque sans intérêt, la pensée d'améliorer ses cultures ne se présentait même pas à son esprit.

Ce n'est qu'au moment où, par

a.

un sage retour aux vrais principes de justice, d'humanité et d'intérêt public, le droit de propriété a été respecté et protégé, l'impôt proportionnellement réparti et les priviléges abolis, que l'agriculteur a senti renaître toutes ses forces, et qu'il s'est pénétré de l'importance et de la dignité de son état. Alors les lumières se sont répandues dans les campagnes, les moyens d'amélioration s'y sont établis et propagés, et l'intérêt privé s'est pour jamais uni à l'intérêt général.

A cette époque, l'agriculture a pris un nouvel essor et ses progrès ont été rapides : la nature des sols a été mieux connue, la culture des prairies artificielles s'est répandue; on a établi la succession des récoltes sur des principes consacrés dans les pays où l'agriculture a fait le plus de progrès; le nombre des bestiaux s'est accru progressivement, et avec eux les engrais et les bons labours, qui sont la base de la prospérité agricole.

Il ne reste plus aujourd'hui qu'à éclairer l'agriculture par l'application des sciences physiques : tous les phénomènes qu'elle présente sont des effets naturels des lois éternelles qui régissent les corps; toutes les opérations que l'agriculteur exécute ne font que développer ou modifier l'action de ces lois. C'est donc à connaître ces lois, à constater leurs effets, à varier leur action que nous devons appliquer toutes nos recherches.

Et quelle étude plus attrayante pourrait-on offrir à l'agriculteur, que celle qui a pour but l'explication de ces effets prodigieux qui, chaque jour, captivent ses sens et étonnent sa raison? Sans doute l'observation lui a fait connaître la marche constante de la nature dans toutes ses opérations; il a pu juger des modifications qu'apportent dans les produits l'état de l'atmosphère, la variété des climats, la nature du sol : ces connaissances pratiques suffisent même, à la rigueur, pour bien diriger une exploitation : mais s'il est permis de remonter aux causes par les effets; si nous pouvons déterminer et expliquer l'action qu'exercent sur le végétal l'air, l'eau, la chaleur, la lumière, le sol, les engrais, etc., et faire à chacun de ces agens la part qui lui revient dans ces grands phénomènes, combien l'agriculteur n'en sera-t-il pas ému? Jusque-là, témoin muet de toutes ces merveilles, il se bornait à les admirer; mais, plus instruit, il sentira s'accroître son admiration en s'élevant jusqu'aux causes qui les produisent.

Convaincu que l'agriculture ne doit désormais attendre ses progrès que de l'application des sciences physiques, je crois devoir établir ici quelques principes généraux, qui trouveront leurs développemens dans cet ouvrage.

Les lois de la nature sont immuables et éternelles. L'état naturel des corps, leur position respective, les changemens qu'ils éprouvent, les phénomènes de décomposition et de composition qui animent la surface du globe, sont le résultat de l'action de ces lois.

Nous voyons d'abord deux lois générales qui paraissent régir la matière, et en vertu desquelles tous les corps existent dans leur état naturel : la première s'exerce sur les masses; la seconde agit sur les molécules qui les composent : l'une est la loi générale de l'attraction, l'autre la loi des affinités.

La loi d'affinité, la seule qui nous

occupe en ce moment, tend sans cesse à rapprocher les molécules des corps : si cette loi agissait seule, les degrés de consistance que présenteraient les corps dans leur état naturel, dépendraient rigoureusement de la différence d'affinité qui existe entre les molécules dont ils sont composés, mais son action est balancée et modifiée par celle du fluide de la chaleur, inégalement réparti entre toutes les substances, et qui tend à éloigner, les uns des autres, les élémens que l'affinité cherche à réunir. L'affinité seule ne formerait que des masses solides, inertes et plus ou moins compactes; le fluide de la chaleur ne produirait que des gaz ou des substances aériennes, tandis que l'action combinée de ces agens nous présente les corps à l'état solide, liquide ou fluide, selon le degré d'intensité des forces de chacun d'eux.

L'état naturel des corps est donc dû à l'action combinée de la loi d'affinité qui rapproche leurs élémens, et de celle du fluide interposé de la chaleur qui les sépare et les éloigne.

Les variations de température qu'éprouve l'atmosphère dans les diverses saisons de l'année, suffisent pour opérer des changemens de consistance sur quelques corps : l'eau se présente à nous sous la forme de solide, de liquide ou vapeur, selon ces variations.

L'homme qui dispose à son gré du fluide de la chaleur, peut produire des changemens notables dans l'état naturel des corps : il augmente ou diminue à volonté leur consistance, et les fait passer réciproquement à l'état solide ou liquide, selon qu'il ajoute ou qu'il extrait de ce fluide.

Les changemens qui s'opèrent par l'addition ou la soustraction du fluide de la chaleur ne sont pas permanens; les corps rentrent dans leur état primitif et naturel du moment que la cause a cessé d'agir, et ils abandonnent à ceux qui les entourent l'excédant du fluide dont on les a pénétrés, ou bien ils reprennent celui qu'on leur avait enlevé.

Ces changemens de forme et de consistance n'altèrent pas la nature des corps, mais, en rapprochant ou écartant les molécules, ils augmentent ou diminuent leur cohésion et leur affinité, et les disposent à contracter de nouvelles combinaisons.

Les principes que je viens d'exposer ne sont rigoureusement applicables aux substances animales ou végétales et à quelques autres corps composés, qu'autant qu'on leur applique une faible chaleur : leurs principes constituans n'en exigeant pas tous le même degré

pour passer à l'état liquide ou gazeux,
il s'ensuit que les uns peuvent prendre
l'un ou l'autre de ces états, par une
chaleur supérieure à celle de l'atmosphère, et se séparer de ceux qui restent
fixes : dans ce cas il y a décomposition.

Si l'affinité était la même entre toutes
les molécules élémentaires qui forment
les divers corps, il n'y aurait qu'aggrégation de matière et confusion de
produits dans les opérations de l'art et
de la nature; mais chaque élément a
ses affinités particulières, il repousse
toute combinaison avec l'un et en contracte de très-intimes avec l'autre : tout
se forme, tout se règle, tout s'assortit
d'après cette différence. La reproduction uniforme des produits de la nature et les combinaisons de l'art déri-
vent de ce principe.

Il suit de ce qui précède qu'il ne
peut y avoir de combinaison durable

qu'entre les élémens que leurs affinités rapprochent, et qu'il y a décomposition, toutes les fois qu'on présente à un composé un élément qui, ayant plus d'affinité avec l'un des principes constituans, déplace l'autre.

On sent déjà combien il importe à celui qui veut étudier les opérations de l'art et de la nature, de connaître les degrés d'affinité qu'ont entre eux les divers élémens qui peuvent entrer dans les combinaisons.

Comme la chimie dispose à son gré de presque tous les agens que la nature emploie, elle peut la suivre dans son travail, lors même qu'elle ne peut pas l'imiter dans tous ses produits. Elle connaît les matériaux qu'elle emploie, et peut souvent les lui fournir et faciliter son action; elle peut prévenir ses aberrations en détournant avec art les causes qui les produisent; en un mot, l'action réciproque des corps est constamment réglée par les lois immuables de la nature; mais le chimiste peut, à son gré, disposer de ces mêmes corps dont il connaît les affinités respectives; il peut les combiner dans toutes les proportions, les soumettre à tous les degrés de température, les soustraire à l'action des agens extérieurs, augmenter ou diminuer l'énergie de chacun d'eux, et produire des résultats que la nature, dans sa marche constante et régulière, ne produit pas. C'est en vertu de cette faculté que la chimie forme chaque jour de nouveaux composés, et qu'elle a enrichi l'industrie et l'économie domestique d'une immense quantité de produits qui, sans le secours de cette science, eussent été éternellement inconnus.

La matière brute et inorganique n'obéit qu'aux lois dont je viens de parler : tous les changemens qu'elle éprouve, tous les phénomènes qu'elle présente, les compositions et les décompositions qui ont lieu, sont leur ouvrage. La chimie peut expliquer et prédire les résultats de leur action, elle peut même opérer de nouvelles combinaisons.

Mais si la matière brute n'obéit qu'aux lois d'affinité, les corps vivans, indépendamment de ces lois physiques, sont soumis à des lois vitales qui modifient sans cesse l'action des premières.

Ces lois de la vitalité sont d'autant plus énergiques, elles dominent d'autant plus les lois d'affinité, que l'organisation des corps est plus vitale ; c'est ce qui fait que le mode d'action dans les corps vivans échappe à nos recherches, et que, témoins de tout ce qui se passe dans ces corps, nous ne pouvons ni en expliquer ni en imiter les produits.

La chimie a été bornée jusqu'ici à la connaissance des substances qui entrent dans l'animal et le végétal pour leur servir de nourriture, et à étudier l'action de tous les agens qui contribuent à favoriser leurs fonctions. Elle connaît tout ce que ces corps s'approprient, tout ce qu'ils rejettent ; mais l'élaboration dans les organes, la formation des produits, le mode d'accroissement, sont et seront long-temps pour nous un mystère. Ce que nous savons sur les fonctions des corps vivans est déjà beaucoup, mais ce que nous ignorons est bien plus encore.

Les lois de la vitalité sont immuables comme toutes les lois naturelles, mais la différence d'organisation dans les corps vivans en varie et modifie l'action, de manière que les produits diffèrent dans chaque espèce et dans chacun de leurs organes : cette variété de produits a de quoi nous surprendre, sur-tout si l'on considère que leur forme et que leurs qualités se renouvellent constamment chaque année et à chaque génération.

Les lois organiques ont donc posé des bornes que la science n'a pas pu franchir encore. Cependant elle est parvenue à s'ouvrir quelques pages sublimes des œuvres de la nature vivante, et elle en a fait d'utiles et nombreuses applications.

La plante vivante, fixée par sa racine sur un sol immobile, n'a point la faculté de se mouvoir pour aller chercher au loin les substances dont elle se nourrit : elle prend toute sa subsistance dans la terre et dans l'air qui l'entourent ; elle travaille ses alimens dans ses organes ; elle les décompose et en combine les élémens d'une manière toujours constante, toujours uniforme.

La plante morte se comporte différemment : tous les corps exercent sur elle une action physique absolue ; l'organisation n'en modifie plus les effets ; les mêmes agens, tels que l'eau, l'air et la chaleur, qui entretenaient ses fonctions lorsqu'elle était vivante, concourent puissamment à la décomposer dès qu'elle est morte ; et l'on ne peut prévenir cette complète désorganisation qu'en la privant du contact et de l'action de ces corps.

Ici, la chimie reprend tous ses droits : elle connaît les élémens qui entrent dans la composition de la plante morte ; elle connaît le degré d'affinité qui les unit entre eux, et peut prédire les changemens qui surviennent par l'action des agens externes qu'elle peut modifier à son gré.

J'ai donc cru qu'on pouvait, dès ce moment, appliquer les connaissances chimiques à l'agriculture. J'ai pensé qu'en connaissant mieux les corps sur lesquels on opère, en liant les faits constatés par l'expérience à une saine doctrine, en déterminant avec soin l'action et les effets de tout ce qui peut influer sur la végétation, on parviendrait à se faire des principes dont l'application pourrait accélérer les progrès du plus important de nos arts.

Toutes les sciences ont une marche naturelle, de laquelle on ne doit jamais s'écarter : elles commencent par acquérir et constater des faits; et lorsque ces faits sont bien avérés, on les compare entre eux, et on en déduit des principes.

Les faits en agriculture sont déjà nombreux; mais les modifications apportées dans les résultats par la nature du sol, l'action des engrais, l'état de l'atmosphère, l'influence du climat, les variétés d'exposition, sont-elles suffisamment constatées? Un fait observé dans un lieu se reproduira-t-il constamment dans un autre?

Les faits isolés ne suffisent donc pas, en agriculture, pour établir des principes généraux. Il faut les avoir observés et vérifiés sous l'influence de tous les agens dont je viens de parler, et connaître les modifications que chacun y apporte, pour pouvoir en tirer des conséquences générales et pratiques.

Si les agens de la végétation étaient constamment les mêmes, si leur action était uniforme par-tout, un seul fait bien observé formerait un principe applicable à toutes les localités; mais leur différence d'action modifie nécessairement les résultats : c'est ce qui fait qu'un genre de culture qui prospère dans un pays ne réussit pas dans un autre, et

b.

qu'un agriculteur qui veut essayer de nouvelles méthodes qui réussissent ailleurs, est souvent trompé dans ses espérances, parce qu'il n'a pas pu réunir les mêmes causes de succès.

J'ai donc cru qu'un ouvrage sur les principes de l'agriculture n'aurait d'utilité réelle qu'autant qu'on y ferait connaître les propriétés et l'action de tous les agens qui influent sur ses opérations; et, d'après cela, je n'ai dû m'occuper des méthodes usuelles ou des procédés en usage, que pour en restreindre l'application aux cas où ils conviennent.

Mais il ne suffit pas d'éclairer l'agriculture pour en accélérer les progrès, le gouvernement a aussi sa tâche à remplir envers elle. Ce n'est que par les lumières et les encouragemens réunis, qu'on peut lui assurer une prospérité durable.

L'agriculture est la source la plus pure et la plus féconde de la richesse d'un pays et du bien-être de ses habitans : c'est par son état plus ou moins florissant qu'on peut juger par-tout du bonheur des peuples et de la sagesse des gouvernemens. L'éclat dont brillent les nations par l'industrie des ateliers peut être passager ; la prospérité qui est établie sur une bonne culture du sol est seule durable.

Ces vérités doivent sans cesse être présentes à l'esprit des gouvernemens et diriger leur conduite.

Un gouvernement qui connaît ses vrais intérêts, ne doit chercher qu'à faciliter et étendre la production, et à ouvrir aux produits des débouchés faciles : il doit protéger et faire respecter la propriété, prévenir les délits et garantir le propriétaire des vexations arbitraires.

Il doit modérer l'impôt de telle manière qu'il ne prenne au propriétaire qu'une portion de ce qui excède ses besoins ; car, s'il en est surchargé, il ne lui reste ni les moyens d'améliorer ses cultures, ni le pouvoir de fournir largement à l'entretien de sa famille, ni la possibilité de renouveler ses bestiaux et d'en augmenter le nombre. Tout gouvernement qui ne laisse pas à l'agriculteur une grande partie des bénéfices qu'il fait sur ses récoltes, tarit bientôt la production, et réalise la fiction de la poule aux œufs d'or.

En favorisant la production, en perfectionnant les cultures, c'est moins l'agriculteur qui s'enrichit que le gouvernement qui augmente par ce moyen la matière imposable, et reproduit ses droits sous toutes les formes, soit que la production soit employée directement aux usages domestiques, soit qu'elle alimente les ateliers de l'industrie.

Quoique l'impôt territorial ait été diminué depuis quelques années, il est encore trop élevé pour que l'agriculture soit ce qu'elle pourrait être. Une mauvaise récolte, la mortalité des animaux d'un domaine, les fléaux destructeurs des saisons, épuisent les économies que l'agriculteur peut avoir mises en réserve, et forcent la plupart d'entre eux à contracter des dettes; une suite de récoltes abondantes répare à peine les pertes d'une année calamiteuse. Le paysan vit par-tout du jour au jour, parce que les capitaux lui manquent, et que sa détresse ne lui permet ni de prévenir ni de réparer une infortune.

Le gouvernement s'est souvent occupé d'opérer le défrichement des terres incultes qui couvrent une partie de notre sol, il a fait même à cet égard des tentatives et des dépenses : il eût mieux fait de provoquer et d'encourager l'a-

mélioration des terres qui sont en culture, il en eût infailliblement obtenu
de meilleurs résultats. Ces entreprises,
dans un pays où la culture des bonnes
terres n'est pas à sa perfection, sont du
domaine de l'intérêt privé, qui ne manque pas de les exécuter pour peu qu'il
y voie des chances favorables.

L'agriculture réclame depuis long-
temps une loi qui seule encouragerait
les améliorations, et opérerait le défrichement des terres incultes, c'est celle
qui fixerait pour toujours les contributions d'un terrain mis en culture d'une
manière absolue et invariable, sans que
jamais on pût les élever en raison de ses
produits ou de la valeur qu'on lui a
donnée par le travail et l'industrie. La
seule crainte que l'impôt ne frappe tôt
ou tard ces améliorations, suffit pour
détourner les capitaux de cet emploi
sacré, et les rejeter sur des opérations ou

spéculations qui, pour la plupart, déplacent les fortunes sans intérêt ni pour la nation ni pour le gouvernement.

Une autre loi qui n'intéresse pas moins l'agriculture que la société, est celle qui aurait pour but d'encourager le rétablissement des futaies et la conservation de celles qui existent encore : sans cela, un avenir prochain nous menace de leur destruction totale. Sans doute l'intérêt privé, plus actif peutêtre de nos jours; la division des propriétés; la perte des grandes fortunes territoriales, ont préparé et amené ces résultats : mais la loi y a contribué plus que toute autre chose. En effet, le propriétaire paie, chaque année, l'impôt établi sur les bois, et il est facile de calculer qu'il est plus avantageux pour lui de faire des coupes tous les vingt ans, que de les attendre un à deux siècles.

Une bonne loi sur les chemins vicinaux serait un grand bienfait pour les habitans des campagnes : la facilité des transports, la commodité des chemins, forment, pour l'agriculteur, une économie qui se reproduit chaque jour; ses animaux en sont moins fatigués, quoiqu'ils traînent des fardeaux plus pesans; mais on obtiendra difficilement des administrations locales ces importantes améliorations. Les maires, les adjoints, les membres des conseils municipaux, sont, en général, les plus riches propriétaires de la commune; ils ne se condamneront jamais eux-mêmes ni à restituer à la voie communale les empiétemens qu'ils se sont permis sur elle, ni à laisser sillonner leurs champs par des chemins utiles, ni à supporter la presque totalité des dépenses que nécessitent les travaux : il faut donc que le gouvernement intervienne pour l'intérêt de tous. On pourrait attacher à chaque département un élève de l'École des ponts-et-chaussées qui, étranger à tout intérêt spécial de localité, tracerait les chemins vicinaux, en déterminerait la largeur, ferait rentrer chacun dans les limites primitives de sa propriété, dresserait les plans et devis, prescrirait l'emploi des matériaux les plus convenables; il soumettrait son travail à la révision de l'ingénieur de l'arrondissement et à l'approbation de l'ingénieur en chef : sur le rapport de ce dernier le préfet ordonnerait l'exécution. Les communes pourvoiraient aux dépenses de la manière qui leur paraîtrait la moins onéreuse, et présenteraient les résultats de leurs délibérations au préfet pour les faire approuver.

Les canaux et les grands chemins sont, pour l'ensemble de la société, ce que sont les chemins vicinaux pour les fractions communales : ces grands moyens de communication forment les artères du corps social et en vivifient tous les organes. Un de nos écrivains les plus profonds disait, dans le seizième siècle, que les rivières et les fleuves navigables sont des *chemins qui marchent* : mais les canaux présentent de bien plus grands avantages que ces rivières et ces fleuves navigables ; ils vont chercher les produits dans les lieux de leur origine, et y transportent les approvisionnemens de tout genre ; leur direction est constamment établie dans la ligne des besoins ; leur navigation est régulière, constante et sûre ; ils animent et vivifient tous les pays qu'ils parcourent, sans jamais faire payer ces bienfaits par des inondations et des ravages.

Diminuer les frais de transport, ouvrir des communications, faciliter les échanges, rendre communs à toute une nation les produits de chaque localité, c'est accroître toutes les sources de la prospérité publique. On perfectionne la civilisation en multipliant les rapports entre les hommes; on fait pénétrer les lumières et l'urbanité jusque dans les lieux les plus reculés; et la loi qui a établi le grand système de navigation pour l'intérieur de la France, excitera la reconnaissance de tous les siècles.

Si l'agriculture réclame de nouvelles lois favorables à ses intérêts, elle demande aussi la suppression d'un petit nombre qui y sont contraires.

La loi devrait protéger et favoriser les échanges : le gouvernement ne doit voir dans cette opération que des convenances réciproques entre deux propriétaires, et ne percevoir des droits que sur la plus-value de celle des propriétés échangées.

En facilitant et provoquant les échanges, le gouvernement ferait beaucoup pour l'agriculture : les propriétés éparses et morcelées se réuniraient insensiblement autour de l'habitation; la surveillance deviendrait plus facile; un meilleur système d'exploitation pourrait s'établir aisément; les transports seraient plus prompts et moins coûteux; les animaux éprouveraient moins de fatigue, et le travail deviendrait plus considérable.

La facilité des échanges aurait encore l'avantage de réunir à des propriétés contiguës les petites parcelles de terre qui ne présentent pas assez d'étendue pour y développer toutes les ressources d'une bonne exploitation.

Les échanges éteindraient une foule de contestations qui s'élèvent entre les propriétaires, à raison des limites, des usurpations et des dégâts.

Mais le plus grand bienfait que l'agriculture puisse réclamer du gouvernement est, sans contredit, la suppression du droit sur le sel.

Pendant les années où la vente du sel a été affranchie de tout impôt, les bords de la Méditerranée se sont couverts de salins; des capitaux immenses ont été employés à former ces établissemens; on a vendu pour vingt millions de sel par année.

L'impôt a frappé de mort cette belle industrie, la presque totalité des salins est abandonnée. La consommation du sel a été tellement réduite, que le prix de cinquante kilogrammes ne s'élève qu'à vingt-cinq centimes dans les marais salans, et qu'il suffit de vendre pour un million cinq cent mille francs de sel, pour que l'impôt produise au trésor quarante-cinq à soixante millions.

Pour sentir tout le mal que fait à

l'agriculture l'impôt sur le sel, il suffit de faire connaître l'utilité de son emploi.

Le sel est de premier besoin pour les animaux ruminans : il sert d'assaisonnement à leur insipide nourriture; il excite les forces de leurs estomacs membraneux et débiles; il prévient les obstructions et les engorgemens que produisent constamment les fourrages secs pendant l'hiver.

On a généralement observé que ceux de ces animaux qui broutent habituellement des plantes salées, sont préférés dans le commerce, et que leur chair est de qualité supérieure.

Il n'y a pas d'agriculteur qui n'ait pu comparer entre eux, à la fin de l'hiver, les animaux qui ont constamment reçu leur ration de sel et ceux qui en ont été privés : les premiers sont bien portans, forts et gras; leur poil est luisant, l'œil vif, et les mouvemens prompts et assurés : les seconds offrent l'image de la misère et des souffrances; les bêtes à laine ont perdu la presque totalité de leur toison avant la tonte, et ce qui en reste se détache et tombe en flocons de toutes parts : les bœufs sont exténués et souffrans; leurs viscères sont engorgés : ce n'est qu'après avoir brouté les herbes fondantes du printemps, que leur santé se rétablit.

Pendant le temps que le commerce du sel a été libre et dégagé de tout impôt, l'agriculteur en étendait l'usage chaque année : il le mêlait avec ses engrais pour les rendre plus actifs; il le répandait aux pieds de ses arbres languissans pour en ranimer la végétation; il multipliait ses salaisons, soit pour les livrer au commerce, soit pour les employer à sa nourriture.

L'impôt sur le sel est une vraie calamité pour l'agriculture; il a tari plusieurs sources de sa prospérité et il lui coûte infiniment plus qu'il ne rapporte au trésor public.

Je sais que dans un état bien organisé les recettes doivent couvrir les dépenses, et qu'on ne peut pas supprimer un impôt de quarante-cinq millions sans le remplacer par un autre d'un égal produit; mais, en fait d'impôt, il ne faut jamais adopter que ceux qui pèsent le moins sur les intérêts des contribuables, et il convient de repousser ceux qui tarissent la production et arrêtent les développemens de l'industrie, du commerce et de l'agriculture.

Ce n'est pas tout que d'établir un impôt, il faut encore le raisonner et en prévoir toutes les conséquences : tel impôt qui produit dix millions peut appauvrir la nation de plus de cinquante, et dès-lors c'est un fléau pour tous;

car le gouvernement qui étouffe la reproduction ou contrarie le développement de l'industrie, vit alors sur ses
capitaux, et partage bientôt la misère
publique.

De quelque manière qu'on remplaçât
l'impôt sur le sel, je doute qu'on pût
en trouver de plus désastreux. Tous les
dégrèvemens qu'on pourra prononcer
sur les contributions devraient porter
sur cet impôt; et pour en hâter et faciliter la suppression dans les campagnes, on pourrait maintenir les droits
sur la consommation des villes, où le
sel ne forme qu'une faible partie de la
dépense de chaque ménage.

On agite beaucoup aujourd'hui la
question de savoir si la division des propriétés est favorable ou nuisible à l'agriculture. Cette division est la conséquence
naturelle du partage des successions

en ligne directe, et des ventes morcelées des grandes propriétés.

La division des propriétés a ses par-
tisans et ses détracteurs; mais je crois
que c'est faute d'avoir envisagé la question sous son vrai point de vue, que les
opinions sont encore partagées à ce
sujet.

Par-tout où la main d'œuvre est
abondante; là où la culture des grains
et des fourrages artificiels ne peut pas
recevoir de grands développemens; là
où le peu de fertilité du sol permet tout
au plus d'y cultiver la vigne, la division
des propriétés est avantageuse; l'impossibilité d'y nourrir des bestiaux appelle
les bras de l'homme pour y suppléer:
ces petites cultures fertilisent un sol
qui, sans cela, resterait stérile.

Une petite propriété placée entre les
mains d'un homme laborieux et intelligent produit constamment plus que

si elle était annexée à un grand domaine. Les enfans du propriétaire ramassent des engrais, ou nettoient le
champ des mauvaises herbes; le père
de famille travaille son sol avec soin et
dans les saisons les plus favorables; il
ne laisse pas un coin de terre sans le
faire produire : quatre à cinq arpens
bien cultivés suffisent à l'entretien d'une
famille, tandis que cinquante, dans
une grande exploitation, peuvent à
peine en nourrir cinq à six.

Si nous considérons la division des
propriétés sous le rapport moral, nous
la trouverons encore avantageuse.

Le prolétaire n'a pas de patrie; il ne
reste fixé sur un point que par habitude; ses moyens d'existence sont par-
tout où il peut occuper ses bras; les
lois ne sont pour lui qu'un mode d'op-
pression; le désordre, l'insurrection lui
présentent des chances pour améliorer

son sort, et il est toujours à la disposition de celui qui le paie le mieux.

La propriété, quelle qu'en soit l'é-
tendue, en attachant au sol, fait qu'on
aime le gouvernement qui la protège,
et qu'on respecte la loi qui la garantit.
Depuis que le nombre des propriétaires
a fait plus que tripler en France, les
artisans des désordres ne trouvent plus
d'appui dans les campagnes.

Dans un royaume voisin, où l'on
compte à peine vingt-cinq mille famil-
les propriétaires, et où l'industrie ma-
nufacturière occupe la plus grande partie de la nation, on s'est vu forcé d'établir une taxe de près de trois cents millions pour donner du pain aux prolé-
taires, et assurer, par ce moyen, la
tranquillité publique. En Espagne, où
la noblesse et le clergé possédaient presque la totalité du territoire, on voyait
la population assiéger les portes des

châteaux et des couvens pour implorer la pitié des moines et des nobles. Sans doute la plupart des grands propriétaires ne sont pas insensibles aux cris de la misère qui les entoure; mais il vaut mieux tirer sa subsistance de son propre fonds que d'aller la mendier chez autrui.

Veut-on élever le caractère national? veut-on améliorer les mœurs et former de bons citoyens? veut-on augmenter la production? Respectez la petite propriété.

Je ne prétends pas qu'il fût avantageux de morceler tout le territoire francais, et de le réduire par-tout à l'état de petite culture. Les pays qui permettent tous les développemens d'une grande exploitation, doivent être couverts de domaines d'une étendue suffisante pour y réunir l'ensemble des moyens nécessaires. Ce n'est que là qu'on peut élever des bestiaux, et fournir les marchés pour tous les besoins de la vie. Mais cet état des choses s'établit de lui-même : cette différence entre les pays de grande et de petite culture est si bien sentie, que la division des propriétés n'a lieu que dans les derniers. L'intérêt privé pose lui-même des bornes à ces morcellemens du territoire ; et l'on peut s'en rapporter à ce grand mobile de la conduite des hommes, pour arrêter la division au moment où elle cesse de présenter une exploitation facile et avantageuse. Si les échanges devenaient moins onéreux, il n'y a pas de doute que les parcelles des propriétés s'aggloméreraient et formeraient, par ce moyen, une étendue convenable.

La marche des progrès en agriculture est lente et elle doit l'être : la sagesse et la prudence veulent qu'on ne dévie des usages consacrés par le temps que lorsque les nouveaux ont reçu la sanction de l'expérience.

Le reproche qu'on fait chaque jour à l'homme des champs de son indifférence à adopter de nouvelles méthodes ne me paraît pas fondé; il·veut d'abord voir et comparer, car il n'a ni les lumières ni les moyens nécessaires pour apprécier d'avance par lui-même les avantages qu'on lui propose; il conserve donc ses habitudes jusqu'à ce qu'un voisin plus riche et plus éclairé lui présente, par une nouvelle culture, des résultats plus avantageux que les siens.

L'exemple est la seule leçon profitable au paysan; lorsqu'on le lui met sous les yeux, et qu'il est convaincu, il ne tarde pas à le suivre : ce n'est que de cette manière que se propagent les bonnes méthodes.

Les discordes civiles qui ont si long-temps agité la France, ont forcé un grand nombre de propriétaires à abandonner le séjour orageux des villes pour aller s'établir dans leurs domaines et en diriger l'exploitation : dès ce moment l'agriculture s'est enrichie de leurs lumières et de leur fortune, et les saines doctrines ont pénétré par-tout.

Il est bien à désirer que cette conduite trouve des imitateurs, parce qu'elle ne peut avoir qu'une heureuse influence sur la prospérité agricole.

Sans doute l'exploitation d'un grand domaine, dirigée par un propriétaire éclairé, est favorable aux progrès de l'agriculture, et forme la plus douce, la plus utile et la plus noble des occupations; mais si les améliorations ne compensent pas les avantages qu'ont sur lui le fermier ou le petit propriétaire, il peut compromettre ses inté-

rêts : ces derniers travaillent eux-mêmes, ils sont constamment à la tête de
leurs ouvriers; ils vivent de peu, fré-
quentent assidument les foires et les
marchés, achètent et vendent à propos;
ils n'ont point de directeur à payer ni
à nourrir; leur femme soigne et sur-
veille la basse-cour et le ménage : ils
sont heureux lorsque, à la fin de l'année, ils trouvent en bénéfice le salaire
de leur propre travail et celui des membres de la famille qui ont coopéré avec
eux à l'exploitation. Les grands propriétaires qui font valoir par eux-mêmes ne jouissent d'aucun de ces avantages, et s'ils ne parviennent pas à y
suppléer par la supériorité de leur industrie, ils doivent éprouver des pertes
là où le paysan trouve du bénéfice.

Il ne suffit pas d'ailleurs d'adopter
de nouvelles méthodes pour s'assurer
des succès : en agriculture, tout doit

être calcul, et les opérations doivent s'y régler par dépense et par recette, comme dans toutes les entreprises bien conduites : de belles récoltes peuvent aisément ruiner un propriétaire ; l'agriculture n'exige que le nécessaire, elle réprouve le superflu comme une espèce de luxe.

C'est pour ne s'être pas établis sur ces principes qu'on voit chaque jour de nouveaux propriétaires condamner, presque sans examen, des usages consacrés par le temps, et accrédités par de bons résultats, introduire à grands frais des innovations, s'obstiner à y plier le sol et le climat qui les repoussent, et finir par abandonner leurs domaines après avoir épuisé leur fortune.

Une des causes qui contribuent le plus à retarder l'application des bons principes à l'agriculture française est sans contredit la courte durée des baux. Le fermier a à peine le temps de connaître la nature des terres qu'il prend à bail et il les cultive presque au hasard; il ne peut donner à ses cultures aucun développement, ni établir un bon système d'assolement; il est forcé de renoncer aux prairies artificielles les plus avantageuses, telles que celles de sainfoin et de luzerne, parce qu'il ne peut, dans un court espace de temps, ni disposer convenablement les terres pour recevoir ces fourrages, ni les récolter pendant tout le temps qu'ils produisent.

Ainsi, quelle que soit l'intelligence qu'ait le fermier, il est forcé de vivre du jour au jour, et de suivre la routine vicieuse tracée par ses devanciers. Il se borne donc à extraire de la terre tout ce qu'elle peut fournir dans l'état où elle est; il ne se livre à aucune amé-

lioration, parce qu'il sait que les résultats ne seraient pas pour lui, ou qu'à
l'expiration de son bail on augmente-
rait la location du domaine en proportion des produits.

Lorsque la culture des prairies arti-
cielles et la saine doctrine des assolemens n'étaient pas connues, on a pu
fixer la durée des baux à trois ans :
alors toute l'agriculture consistait dans
deux récoltes de céréales et une année en
jachère ; on recommençait la même rotation à la quatrième année, et les fermiers qui se succédaient suivaient cette
marche sans s'en écarter : on pouvait
donc les remplacer sans inconvénient.
Mais aujourd'hui qu'il est bien prouvé
que l'établissement des prairies artificielles et un bon système d'assolement
doivent former la base de l'agriculture ;
aujourd'hui qu'il est reconnu que, pour
exécuter ces deux grands moyens d'a-

mélioration et en recueillir les fruits,
il faut un terme de douze à quinze
ans, les baux doivent avoir au moins
cette durée.

Ici l'intérêt du propriétaire s'allie naturellement à celui du fermier. Les
terres bien travaillées, une culture
éclairée, donnent de la valeur à la terre
et enrichissent l'agriculteur et le propriétaire, tandis que, dans les domaines où le fermier se voit à terme tous
les trois ans, on ne peut employer à
l'amélioration ni lumières ni capitaux,
et l'exploitation se perpétue dans son
état d'imperfection.

Quoique l'agriculture se soit successivement enrichie de beaucoup de produits que nous fournissait l'étranger, il
lui reste encore à s'en approprier quelques-uns, et à multiplier la culture de
la plupart de ceux qu'elle possède.

L'agriculture qui se borne à la production des céréales ne fournit qu'à une partie des besoins de la société; mais si elle embrasse dans ses exploitations les produits que le sol et le climat lui permettent de cultiver, elle verse dans les ateliers les matières premières de l'industrie et pourvoit à tous les besoins.

Le sort de l'agriculteur qui ne cultive qu'un genre de produits est toujours précaire : il dépend non-seulement des chances de la récolte, mais encore du prix des ventes et des besoins du consommateur : tandis que s'il présente une grande variété d'objets provenans de son sol, il est à-peu-près assuré d'obtenir un débit favorable de quelques-uns d'entre eux. C'est ainsi que dans le midi, où, indépendamment des produits communs à tous les pays, le propriétaire a encore ses récoltes de vin, de soie et d'huile, l'abondance de l'une de ces trois dernières dédommage de la médiocrité des autres.

Un autre avantage que doit retirer l'agriculteur de la variété de ses produits, c'est de pouvoir présenter à chacune de ses terres le végétal qui y convient le mieux, et de les maintenir toutes en bonne culture.

La culture des produits variés offre encore à l'agriculteur d'immenses ressources pour les assolemens : là où l'on ne connaît que la culture des céréales, il est impossible d'établir un système d'assolement sagement combiné. Ce n'est que sur une grande variété de produits qu'on peut fonder cette succession ou rotation de récoltes de nature différente, qui, conservant le terrain dans un état constant de fertilité, lui permettent de produire sans interruption.

Déjà nous avons introduit la culture des prairies artificielles, des graines à huile et des racines; cette culture qui se propage fournit les moyens de former des assolemens.

Depuis long-temps notre agriculture produit des lins, des chanvres, de la garance, du houblon, etc.; mais nous sommes encore tributaires des pays étrangers pour une grande partie de la consommation de ces produits. Pourquoi le sol francais ne fournirait-il pas tout ce qui nous est nécessaire en ce genre? La terre et les bras ne manquent pas à l'agriculture francaise; la variété de climats, la nature du sol, l'intelligence des habitans, permettent de cultiver presque tout ce que réclament les besoins de la société : c'est un privilège que la France tient de sa position et qu'aucune autre nation ne peut partager avec elle.

J'ai cru devoir terminer cet ouvrage par deux chapitres, dont l'un traite de l'extraction de l'indigo du pastel, et l'autre du sucre de la betterave : ces deux branches d'industrie peuvent doter l'agriculture francaise d'un produit annuel de plus de cent millions. Je soumets à l'agriculteur ce que l'expérience nous a appris sur ces nouvelles sources de la prospérité agricole, et je ne doute pas que, s'il dirige son attention vers ces objets, il ne s'approprie en peu d'années deux des plus grands articles de nos importations.

En voulant éclairer l'agriculture par l'application des sciences physiques, j'ai dû éviter des écueils qui, infailliblement, m'eussent détourné du but que je me proposais d'atteindre.

Je n'ai pas dû perdre de vue que j'écrivais essentiellement pour l'agriculteur, et que, par conséquent, je devais être clair, précis et toujours à la portée de son intelligence, de son instruction et de ses moyens : pour me rapprocher de lui, j'ai souvent emprunté son langage, et presque toujours j'ai appuyé de son expérience les principes que j'établissais.

Convaincu qu'un procédé dont les effets sont connus, est toujours préférable à des conceptions de pure théorie, j'ai constamment respecté l'expérience acquise, et n'ai proposé de nouvelles méthodes qu'autant que leur supériorité sur les anciennes m'a paru suffisamment constatée. C'est sur-tout en agriculture qu'il convient d'être réservé sur les innovations. En général, l'agriculteur n'a pas assez de connaissances pour approprier à son sol et au climat des cultures étrangères, et il doit attendre que quelque voisin plus instruit que lui offre l'exemple des améliorations; il ne fait alors qu'imiter sans courir aucune mauvaise chance.

On me reprochera peut-être de m'être permis quelques répétitions; mais j'avoue franchement que je n'ai pas cru devoir les éviter : dans un ouvrage de la nature de celui-ci, les matières qu'on a à traiter peuvent bien se présenter sous différentes formes, mais les phénomènes découlent toujours des mêmes principes, et souvent leur explication ne comporte que quelque légère nuance dans l'expression. J'ai donc traité chaque question d'une manière absolue et presque indépendante; j'ai rappelé à la mémoire tous les faits qui pouvaient éclaircir la matière, et j'en ai déduit les principes qui doivent diriger l'agriculteur dans sa marche : je n'ai pas craint de répéter une vérité, toutes les fois que je l'ai jugé convenable.

Cet ouvrage n'est point parfait, et, mieux qu'un autre, j'en connais les imperfections; mais, tel qu'il est, je le crois utile. A mesure que les sciences physiques feront des progrès, on en déduira de nouvelles applications à l'agriculture, et l'on rectifiera celles qui peuvent être erronées. Le célèbre Davy a déjà publié une chimie agricole, où j'ai puisé d'excellens principes : d'autres feront mieux que nous.

Jusqu'ici les applications des sciences physiques à l'agriculture ont été peu nombreuses si on les compare à celles qu'on en a faites à plusieurs arts qu'elles ont créés ou perfectionnés de nos jours : cette différence me paraît pouvoir être rapportée à deux causes principales ; la

première, c'est que la plupart des phénomènes que nous offre l'agriculture
sont des effets des lois vitales qui régissent les fonctions du végétal, et ces lois
nous sont encore inconnues, tandis que
dans les arts qui s'exercent sur la matière brute et inanimée, tout se règle,
tout se produit par l'action seule des
lois physiques ou de simple affinité que
nous connaissons ; la seconde, c'est que
pour appliquer utilement les connaissances physiques à l'agriculture, il faut
l'avoir profondément étudiée, non-seulement dans les cabinets, mais encore
dans les champs.

Quoique propriétaire de grands domaines dont j'ai long-temps dirigé l'exploitation, je sens que les faits que j'ai
pu recueillir sur divers objets sont encore insuffisans pour former des principes incontestables, et je me borne,

dans tous ces cas, à présenter des doutes
ou de simples probabilités. Je puis avoir
commis des erreurs dans mes explications; mais je ne crois pas avoir altéré
un seul fait, et c'est dans cette confiance que je livre cet ouvrage à l'agriculteur.

CHIMIE

APPLIQUÉE

A L'AGRICULTURE.

CHAPITRE PREMIER.

VUES GÉNÉRALES SUR L'ATMOSPHÈRE, CONSIDÉRÉE DANS SES RAPPORTS AVEC LA VÉGÉTATION.

Pour bien juger de l'influence que l'atmosphère exerce sur la végétation, il faut d'abord connaître les propriétés particulières et caractéristiques de chacun des élémens qui la composent, et étudier ensuite leur action sur les corps terrestres.

Le gaz azote et l'oxigène sont les deux fluides qui composent essentiellement l'atmosphère; on les y trouve dans les mêmes proportions jusqu'aux plus hautes régions

auxquelles on ait pu parvenir. M. Gay-Lussac
a établi cette vérité sur l'analyse comparée
de l'air puisé à trois mille six cents toises
d'élévation au-dessus de la terre, et de celui
qui est à sa surface.

L'atmosphère contient encore d'autres fluides qui y existent constamment, mais dans des
proportions très-variables : l'acide carbonique et l'eau, les fluides électrique et magné-
tique, le calorique et la lumière, sont les
principaux.

Ces derniers fluides ont une influence très-
marquée sur la végétation et sur tous les
phénomènes que présentent les corps terrestres ; et quoiqu'ils n'entrent pas essentiellement dans la composition de l'atmosphère,
leur action est tellement liée à celle de ses
principes constituans, qu'elle en est presque
inséparable.

J'ai donc pensé que, pour mieux connaître
l'action de l'atmosphère, je devais parler séparément des propriétés principales de tous
les fluides qu'elle contient, pour en faire ensuite les applications aux phénomènes que
nous présente l'agriculture.

ARTICLE PREMIER.

Des fluides pondérables contenus dans l'atmosphère.

Les fluides pondérables contenus dans l'atmosphère sont les gaz azote et oxigène, l'acide carbonique et l'eau.

1°. Le gaz azote forme près des quatre cinquièmes de la composition atmosphérique, et par une bizarrerie bien étrange, c'est celui de tous qui paraît exercer le moins d'influence sur les substances des trois règnes. On le trouve en assez petite quantité dans quelques produits des végétaux, et abondamment dans ceux des animaux ; mais jusqu'ici les recherches les plus exactes n'ont pu prouver qu'une faible absorption de ce gaz par les plantes et les animaux.

L'existence de l'azote dans quelques produits de la végétation paraît due en partie à la portion de ce gaz que l'air atmosphérique entraîne dans la plante à l'aide de l'eau qui le tient en dissolution, et en partie aux engrais nutritifs, dont il forme souvent un des principes constituans.

Dans les animaux, où l'azote est plus abondant que dans les plantes, les alimens dont ils se nourrissent, et l'acte de la respiration, concourent également à rendre raison de sa présence dans ces corps.

Les expériences de MM. de Humboldt et Provençal sur les poissons, celles de Spallanzani sur quelques reptiles, et celles de MM. Davy, Pfaff, Enderson, Edwards, Dulong, etc., sur l'homme, ne laissent plus de doute sur l'absorption de l'azote dans la respiration; mais cette absorption est inégale, peu régulière, variable selon les circonstances, de manière qu'on ne peut pas l'assimiler à celle de l'oxigène, du moins quant à ses effets sur l'économie animale et végétale.

Le peu d'importance de l'action connue de l'azote est loin d'expliquer la profusion avec laquelle la nature l'a répandu dans l'atmosphère; on dirait qu'elle en a fait un immense magasin, dans lequel sont reçus tous les gaz, toutes les émanations, toutes les vapeurs qui s'élèvent de la surface de la terre, et qui en sont extraits au besoin, soit pour entretenir la vie des animaux, soit pour faciliter la végétation et produire les nombreux phénomènes de composition et de décomposition qui renouvellent sans cesse la surface du globe.

La pesanteur spécifique du gaz azote pur est à celle de l'air dans le rapport de neuf mille six cent quatre-vingt-onze à dix mille.

2°. Le gaz oxigène forme à-peu-près la cinquième partie de l'atmosphère. Sa pesanteur spécifique est à celle de l'air comme onze mille trente-six à dix mille.

Les fonctions de l'oxigène sont aussi nombreuses qu'importantes.

Le gaz oxigène entretient la vie des animaux par la respiration, et en se combinant avec le carbone du sang, il produit en grande partie la chaleur animale : il détermine la germination des graines : il est absorbé par les feuilles pendant la nuit : il oxide les métaux en se combinant avec eux.

Le gaz oxigène est l'agent nécessaire de toute combustion, et concourt puissamment à la décomposition de toutes les substances animales, végétales et minérales.

Dans tous les cas où l'oxigène exerce son

action, il se combine avec quelqu'un des élémens des corps sur lesquels il agit, et forme
des acides avec le carbone, l'azote, le soufre,
le phosphore et plusieurs métaux, et de l'eau
avec l'hydrogène, etc.

La nature des composés où l'oxigène entre
comme élément, varie d'après les proportions dans lesquelles il s'y trouve en combinaison.

Lorsqu'on envisage l'étendue et l'importance des fonctions que remplit le gaz oxigène, et sur-tout lorsqu'on considère que
toutes les fois qu'il agit, il se forme de nouveaux corps qui n'ont plus de rapport avec
lui, on serait tenté de craindre que l'atmosphère ne s'épuisât tôt ou tard de ce principe
actif et régénérateur ; mais la nature répare
sans cesse les pertes qui s'en font, par la production de quantités équivalentes : les feuilles
des plantes, frappées par la lumière solaire,
versent continuellement dans l'atmosphère
des torrens de gaz oxigène qui proviennent
de la décomposition de l'acide carbonique et
de l'eau, dont elles s'approprient le carbone
et l'hydrogène.

Il est possible, sans doute, que, dans beaucoup de localités, la reproduction de l'oxigène ne soit pas en rapport avec sa déperdition, c'est ce qui arrive par-tout où il s'en fait une grande consommation par la respiration ou la combustion ; mais cet effet ne peut être que partiel et momentané, car la grande mobilité du fluide atmosphérique rétablit bientôt l'équilibre sur tous les points; les vents, qui brassent l'atmosphère en tous sens, en mêlent les élémens, et on y trouve par-tout, et dans des proportions à-peu-près constantes, les principaux fluides qui la composent.

Il n'y a ni création ni destruction d'aucun élément dans les opérations de la nature. Les nombreux phénomènes de composition et de décomposition qui ont lieu à la surface du globe, ne présentent qu'un déplacement continuel de principes et de nouvelles combinaisons qui se forment d'après des lois fixes, éternelles, immuables : ainsi la nature se régénère sans s'appauvrir, et la matière n'éprouve que des changemens qui se repro-

duisent périodiquement et uniformément, sur-
tout dans les corps organisés.

3°. L'acide carbonique paraît exister constamment dans le fluide atmosphérique ; il ne
paraît y avoir de différence que dans les proportions sous lesquelles il s'y trouve.

Quoique beaucoup plus pesant que l'azoté
et l'oxigène, puisque son poids, sous le même
volume, est à celui de ce dernier comme mille
cinq cent vingt à mille, on le trouve disséminé dans toutes les régions de l'atmosphère. M. de Saussure, le père, l'a retiré de
l'air, par l'eau de chaux, sur le sommet du
Mont-Blanc.

Il n'est donc pas douteux que, dans la composition de l'atmosphère, les proportions du
gaz azote et du gaz oxigène sont plus constantes et presque invariables ; mais il paraît
prouvé que l'acide carbonique s'y trouve à
toutes les hauteurs dans des proportions différentes.

M. Th. de Saussure a comparé l'état pro-
portionnel de l'acide carbonique dans l'atmosphère, qu'il a analysée en été et en hiver,
et il a obtenu les résultats suivans :

En hiver :

31 janvier 1809, 10,000 parties d'air
contenaient.................................... 4,570 ac. car.
    2 février 1811................ 4,660
    7 janvier 1812............. 5,140

Le terme moyen en hiver, sur 10,000 parties d'air, était :

En volume................. 4,790
En poids................... 7,280

En été :

20 août 1810, 10,000 parties d'air
contenaient...... .... 7,790 ac. car.
    27 juillet 1811................ 6,470
    15 juillet 1815............... 7,130

Le terme moyen en été, sur 10,000 parties d'air, était :

En volume................. 7,130
En poids................... 10,830

Sans doute, lorsque l'air est tranquille, ou lorsque l'acide carbonique, qui se forme si abondamment par la fermentation, la respiration, la combustion, etc., est retenu dans des lieux clos, la quantité de cet acide doit excéder ses proportions ordinaires; mais du moment que l'agitation ou les vents peuvent le mêler dans l'atmosphère, il se répartit et se dissémine sur tous les points d'après des lois constantes.

Hors des cas extraordinaires dont nous venons de parler, et qui font exception, l'acide carbonique n'existe dans l'air que dans la proportion d'un cinq centième au plus.

L'acide carbonique est sans cesse absorbé par les feuilles des plantes; elles le décomposent, s'approprient son carbone, et versent dans l'atmosphère le gaz oxigène.

L'acide carbonique se combine avec la chaux dans les mortiers frais, et la fait repasser à l'état primitif de pierre à chaux.

L'acide carbonique se dissout dans l'eau qu'il rend légèrement acide; ce liquide en dissout à-peu-près son volume sous la pression de l'atmosphère; mais lorsque la dissolution est forcée par la compression, il peut en dissoudre beaucoup plus, et alors le liquide qui en est chargé mousse comme le vin de Champagne, qui ne doit cette vertu qu'à l'acide carbonique produit par la fermentation du vin dans des bouteilles bien bouchées.

On est même parvenu, par de nouvelles expériences, à réduire, par la pression, le gaz acide carbonique à l'état liquide.

4°. L'eau existe dans l'atmosphère sous forme de fluide élastique. Lorsqu'on l'absorbe par des corps qui ont avec elle une grande affinité, tels que le muriate de chaux calciné, la portion d'air qu'on a ainsi desséchée diminue de poids et de volume, d'après MM. de Saussure père, et Davy.

La quantité de fluide aqueux qui est répandu dans l'air, varie selon la température de l'atmosphère; elle est d'autant plus considérable que celle-ci est plus élevée. A dix degrés, elle forme en volume à-peu-près le $\frac{1}{50}$ du fluide atmosphérique; et comme sa densité est à celle de ce fluide dans le rapport de dix à quinze, elle constitue environ le $\frac{1}{75}$ de son poids (Davy).

Le fluide aqueux peut former, à la température atmosphérique de trente-quatre degrés, $\frac{1}{14}$ du volume de l'air, et $\frac{1}{21}$ de son poids.

Dans son beau *Traité sur l'hygrométrie*,

M. de Saussure, père, a déterminé le poids de
l'eau contenue dans un pied cube d'air à divers
degrés de température, et a dressé le tableau
suivant.

Degrés de l'hygromètre.	Poids de l'eau contenue dans un pied cube d'air, à 15,2 du therm. de Réaum.	Poids de l'eau contenue dans un pied cube d'air, à 6,2 du ther. de Réaumur.
	grains.	grains.
10	0,4592	0,2545
20	1,0926	0,6349
30	1,7940	1,0853
40	2,5634	1,5317
50	3,4852	2,0947
60	4,6534	2,7159
70	6,3651	3,3731
80	8,0450	4,0733
90	9,7250	4,9198
98	11,0690	5,6549

« Par conséquent, ajoute M. de Saussure, je
» ne crois pas que l'on s'écarte beaucoup de
» la vérité en assignant onze grains d'eau par
» pied cube d'air saturé à la température de
» quinze degrés de Réaumur.

» La dissolution de ces onze grains d'eau
» dans un pied cube d'air à la température de
» quinze degrés, ont augmenté la tension de
» l'air, et le baromètre, qui avant était à vingt-
» sept pouces, est monté à vingt-sept pouces
» 5 $^{\text{lig.}}$ 79,411, c'est-à-dire à environ vingt-sept
» pouces six lignes : par conséquent la tension
» de l'air, ou son volume dans le récipient,
» était augmenté de $\frac{1}{54}$ environ. »

Lorsque la température de l'air diminue, le
fluide aqueux en est en partie exprimé; il paraît alors dans l'atmosphère sous forme de vapeurs; il se précipite à l'état de rosée, et c'est
ainsi que la fraîcheur des nuits, pendant l'été,
ranime la végétation, et répare l'état de langueur qu'une chaleur trop forte a produit,
pendant le jour, sur les végétaux.

L'oxigène et l'azote ont été rangés jusqu'ici
parmi les corps simples, tandis que l'acide
carbonique et le fluide aqueux sont des com-

posés, dont les principes constituans sont connus, et qu'on forme et décompose à volonté.

Cent parties acide carbonique contiennent :

                Carbone......... 27,36
                Oxigène......... 72,64

Cent parties eau contiennent :

                Hydrogène........ 11,06
                Oxigène.......... 88,94

L'oxigène et l'azote constituent essentiellement l'atmosphère, puisqu'en en séparant les deux autres principes par des agens chimiques, elle conserve presque tous ses caractères de forme et d'élasticité, etc. ; mais alors elle perd ses propriétés principales sur la végétation, de sorte que toutes les substances qui existent dans l'atmosphère sont nécessaires pour produire et renouveler les phénomènes que nous présentent les trois règnes de la nature.

Des quatre principes qui se trouvent dans

l'atmosphère, et dont je viens de parler, le fluide aqueux est celui qui y paraît le moins adhérent, ou le moins lié aux autres; le seul changement de température en fait varier les proportions à l'infini; tandis que l'azote, l'oxigène et l'acide carbonique s'y maintiennent toujours à-peu-près dans les mêmes rapports, et aucun moyen de pression ni de variation de température ne peut les désunir ou les extraire séparément.

Le fluide aqueux ne s'élève pas à une grande hauteur dans l'atmosphère; car, au rapport des physiciens qui sont parvenus, à l'aide des aérostats, à des régions très-hautes, l'air y est très-sec, et pompe avec une telle avidité l'humidité des planches des nacelles, qu'elles se dessèchent et se fendillent comme si on les avait exposées à une forte chaleur; ce qui provient de l'effet combiné de la diminution de pesanteur de l'air et de sa sécheresse.

La manière dont les élémens atmosphériques sont liés entre eux est toute particulière: assez unis pour ne pas se placer en raison de la différence de leurs pesanteurs spécifiques, et pour ne pas se séparer par la pression ou l'agitation tumultueuse de l'air, leur combinaison est néanmoins si faible, que, pour les désunir et les isoler, il suffit de leur présenter des corps avec lesquels ils aient quelque légère affinité. Ainsi, si l'on enferme sous une cloche de verre un volume quelconque d'air atmosphérique, le muriate de chaux bien calciné en extrait le fluide aqueux, la combustion du phosphore absorbe le gaz oxigène, l'eau de chaux ou les alcalis caustiques se combinent avec l'acide carbonique, et il ne reste plus que le gaz azote, celui de tous qui a le moins de tendance aux combinaisons.

Ce faible état de combinaison entre les principes contenus dans l'atmosphère était nécessaire pour qu'ils exerçassent une action plus active, plus puissante sur tous les corps qui couvrent la surface du globe, et dont les compositions et les décompositions ne peuvent s'opérer convenablement que par eux.

Indépendamment des corps qui constituent essentiellement l'atmosphère, les émanations qui s'élèvent continuellement de la surface de de la terre, se mêlent avec l'air, d'où elles se dégagent et se précipitent dès que la chaleur, ou toute autre cause qui a produit l'ascension, vient à cesser son action.

Ces émanations, mêlées accidentellement à l'air, en altèrent la pureté; elles modifient ses vertus; l'oxigène et l'eau s'en imprègnent et les déposent sur des corps, avec lesquels ils entrent en combinaison ou se mettent en contact. L'origine de plusieurs maladies n'a pas d'autres causes; le germe en est apporté par l'air ou par le fluide aqueux. C'est ainsi que dans les localités où se décomposent en abondance des matières animales et végétales, comme près des étangs et des marais, les fièvres d'accès y sont endémiques, et que les miasmes qui se dégagent de nombreux animaux en pu- tréfaction, deviennent une cause de maladies; c'est ainsi que, dans plusieurs circonstances, il est dangereux de respirer le serein, parce que la vapeur aqueuse qui le forme entraîne avec elle des principes malsains qui s'étaient élevés dans l'atmosphère; c'est pour la même raison que les brouillards répandent quelque- fois une mauvaise odeur. La manière dont l'air se parfume par l'arome des plantes qu'il transmet à nos organes, et l'odeur qu'il contracte par les émanations des corps en décomposition indiquent suffisamment son influence non-seulement pour produire des maladies, mais encore pour propager celles qui sont contagieuses.

ARTICLE II.

Des fluides impondérables contenus dans l'atmosphère.

Outre les substances pondérables qui constituent l'atmosphère et celles qui s'y trouvent accidentellement, elle recèle encore des fluides impondérables dont les effets nous sont moins connus, mais qui paraissent y jouer un grand rôle : le fluide électrique est de ce nombre.

1°. L'électricité se développe par le frottement et se transmet par le simple contact ; elle s'accumule dans les corps quand ils sont isolés ; elle se communique comme la chaleur lorsqu'on approche des corps électrisés de ceux qui ne le sont pas.

Les propriétés singulières du fluide électrique contenu dans l'atmosphère, et les variations fréquentes qu'il y éprouve, donnent naissance à de nombreux phénomènes, sur lesquels l'observation et l'expérience ont déjà répandu quelque lumière.

Il paraît que lorsque ce fluide est abondamment disséminé dans l'atmosphère, il exerce une grande influence sur les phénomènes de la végétation; il excite l'action de l'oxigène, et détermine l'écoulement du fluide aqueux : M. Davy a observé que le blé germe plus vite dans l'eau chargée d'électricité positive, que dans celle qui contient le principe opposé; et il est bien reconnu que les fermentations se développent mieux aux approches des orages, et que les liquides composés d'une aggrégation de principes peu liés entre eux, tels que le lait, se décomposent et *tournent* dans ces circonstances.

2°. Quelle que soit l'opinion qu'on adopte sur la nature du principe de la chaleur, il est hors de doute qu'il existe, dans l'atmosphère et dans les corps terrestres, un fluide impondérable, qui est inégalement réparti entre eux, et qui les constitue à l'état solide, liquide ou gazeux, selon l'affinité plus ou moins forte qu'ont les molécules entre elles et avec le fluide de la chaleur : c'est cet état qu'on peut regarder comme l'état naturel des corps.

Tous les corps dans leur état naturel, exposés à la même température atmosphérique, sont pénétrés d'une dose inégale du fluide de la chaleur; mais comme ce fluide y existe comme principe, et pour ainsi dire en combinaison, il ne développe point sa propriété principale qui est la chaleur : dans cet état, on est convenu de l'appeler *calorique*, et il prend le nom de *chaleur* lorsqu'il est rendu libre et dégagé de toute combinaison.

Le calorique interposé entre les molécules des corps, tend sans cesse à les éloigner les unes des autres, et lorsqu'on l'accumule dans l'un d'entre eux au-delà de ses proportions naturelles, cet excédant agit comme chaleur; il change la forme du corps et le fait passer successivement de l'état solide à l'état liquide, et de ce dernier à l'état de vapeur.

Les corps qui existent naturellement à l'état de gaz, et qu'on a solidifiés en les faisant entrer dans des combinaisons, reprennent leur état naturel, dès qu'on leur applique assez de chaleur pour rompre l'affinité qui les unit à la base; mais ceux dont la constitution naturelle n'est pas celle de gaz, passent par tous les degrés intermédiaires entre leur état naturel et celui de vapeur imperceptible : ils reviennent à l'état concret, en perdant l'excès de chaleur qu'on leur avait appliqué.

On peut extraire le calorique des corps par la percussion ou la compression, comme on exprime l'eau d'une substance qui en est imbibée; dans ce cas, on rapproche les molécules, on diminue la porosité, et conséquemment le volume du corps. Le choc et le frottement des corps durs entre eux produisent le même effet. La portion de calorique, qui, dans tous ces cas, devient libre, agit comme chaleur.

On peut encore abaisser ou élever la température des corps, en les mettant en contact avec d'autres corps plus froids ou plus chauds; le fluide de la chaleur passe de l'un à l'autre, et se met en équilibre, eu égard à leurs capacités respectives, car ils en absorbent inégalement d'après leur nature.

Tous les corps ont une proportion de ca-

lorique déterminée, qui les maintient dans
leur état naturel ; mais lorsque leur densité
éprouve des changemens, par les variations
de la température à laquelle ils sont exposés,
ils perdent ou prennent du calorique, ce qui
les contracte ou les dilate ; les gaz qui se solidifient en entrant dans des combinaisons ;
les vapeurs qui se condensent ; les solides qui
se contractent, abandonnent à l'air une portion de leur calorique, qui devient chaleur :
tous ces corps en absorbent au contraire lorsqu'ils se dilatent.

Les phénomènes de composition et de décomposition qui se renouvellent sans interruption à la surface de notre globe, donnent
lieu, à chaque instant, à l'émission ou à l'absorption du calorique : deux substances qui
se combinent, forment un composé qui peut
exiger plus ou moins de calorique que n'en
contenaient ensemble les deux principes com-
posans, et alors il y a nécessairement production de froid ou de chaud pendant l'opération ; les gaz qui se solidifient abandonnent
leur calorique, et leur combinaison produit
de la chaleur ; dans les combustions dont le

gaz oxigène est l'agent principal, il y a constamment dégagement de chaleur, parce qu'en général le gaz forme avec les substances combustibles des composés solides ou liquides, et il abandonne une portion du calorique qui le constituait à l'état de gaz.

Ces principes posés, nous pourrons expliquer aisément une partie des effets que produisent les variations de température sur la végétation.

Les changemens de température qu'éprouve l'atmosphère, dans le courant d'une année, sont tels, que quelques liquides passent alternativement à l'état, soit de vapeur, soit de solide, et que quelques corps solides deviennent liquides.

L'effet naturel de la chaleur est de dilater les corps, d'affaiblir la force de cohésion qui en unit les molécules, et de faciliter l'action de l'affinité chimique de la part des corps étrangers pour former de nouvelles combinaisons : ainsi la chaleur rend plus fluides les sucs de la plante; elle facilite leur mouvement dans les cellules et les tuyaux capillaires; elle donne de l'activité aux suçoirs des racines pour absorber les sucs contenus dans la terre, etc.

Mais la chaleur a un terme au-delà duquel elle dessèche les plantes, en facilitant l'évaporation de l'eau, qui en délaie les sucs, et épaississant par là dans leurs organes quelques substances qui y étaient à l'état liquide : alors la végétation s'arrête, et la vie est suspendue. Cet effet a lieu toutes les fois qu'on éprouve de grandes chaleurs, et que la pluie, la rosée ou les irrigations, ne réparent pas suffisamment les pertes occasionnées par la transpiration ou l'évaporation.

Cet effet aurait lieu plus fréquemment, si la nature prévoyante n'avait pas employé des moyens pour modérer l'action de la chaleur : le premier de ces moyens, c'est la transpiration elle-même du végétal, qui ne peut pas avoir lieu sans enlever une grande portion de chaleur, et conserver, par ce moyen, au corps qui transpire, une température qui est au-dessous de celle de l'air. Le second moyen existe dans l'organisation des feuilles, qui sont la partie du végétal par laquelle se fait sur-tout la transpiration; la surface des feuilles, qui est exposée aux rayons directs du soleil, est recouverte d'un épiderme épais qui repousse les rayons calorifères : dans les plantes herbacées, cette enveloppe est en grande partie siliceuse ainsi que dans les tiges des graminées; dans d'autres végétaux, elle est analogue aux résines, à la cire, à la gomme, au miel; et l'épiderme qui recouvre la surface opposée des feuilles est mince, transparente; c'est par celle-ci que se font la transpiration et l'absorption des principes nutritifs qui existent dans l'atmosphère. Si l'on renverse cet ordre de choses si bien établi, et qu'on retourne une feuille de manière à lui faire présenter au soleil la surface qui y était soustraite, on la voit bientôt faire tous ses efforts pour reprendre sa position naturelle.

Lorsqu'une plante est morte, ou bien lorsqu'une plante annuelle a rempli sa destinée, qui se borne à assurer sa reproduction par la formation des graines ou fruits, alors l'action de la chaleur et des autres agens chimiques et physiques n'est plus modérée par aucune des causes dont je viens de parler, et elles reçoivent leur impression d'une manière absolue et sans modification.

Lorsque la température vient à baisser, les fluides se condensent, le mouvement des sucs se ralentit, l'activité des organes diminue, et les fonctions vitales languissent et finissent par rester suspendues, jusqu'à ce que le renouvellement des chaleurs vienne les ranimer.

L'action du froid atmosphérique, qui s'applique à la plante, est encore modérée par l'émission ou le dégagement du calorique, qui s'échappe toutes les fois que les liquides se condensent, et que les solides se contractent : c'est ce qui fait que la température des végétaux pendant l'hiver est toujours un peu au-dessus de celle de l'atmosphère.

Il arrive néanmoins quelquefois que la température atmosphérique s'abaisse à un tel point qu'il en résulte de funestes effets pour les végétaux; on voit quelquefois la sève des arbres se convertir en glace et produire leur mort. Ces effets ne peuvent pas toujours se calculer d'après l'intensité ou le degré du froid; ils tiennent à des circonstances toutes particulières. J'ai vu des oliviers résister à un froid de quatorze degrés centigrades, et je les ai vus périr à une température de six, parce que, dans ce dernier cas, une couche de neige qui s'était formée pendant la nuit sur les branches de l'arbre, avait été fondue par le soleil pendant le jour, et l'arbre humide fut exposé à l'action de six degrés de froid la nuit suivante.

Il n'y a rien de plus dangereux pour les plantes céréales et celles des prairies artificielles, que les gelées qui surviennent immédiatement après un dégel, parce que les plantes, encore humides et mal établies sur un sol pulvérisé par la glace, ne sont défendues en aucune manière.

3°. Sennebier a été le premier à admettre que l'influence de la lumière était nuisible à la germination, Ingenhouz a confirmé cette opinion par ses propres expériences ; mais M. de Saussure, qui a fait germer des graines sous deux récipiens, l'un opaque et l'autre transparent, s'est convaincu que la germination avait lieu dans les deux cas et dans le même temps, mais que la végétation subséquente était devenue plus vigoureuse et plus avancée sous le récipient transparent que sous l'autre.

Il est facile de concilier ces opinions, en apparence contradictoires, en séparant l'action du fluide de la lumière de celle du fluide de la chaleur : comme les plantes transpirent très-peu dans leur premier âge, si on les expose à l'influence réunie des deux fluides, la chaleur exercera sur elles toute sa force, parce que l'évaporation ne pourra pas en tempérer les effets, et leurs organes délicats en seront desséchés ; c'est pour cela que les jardiniers ont grand soin d'élever leurs semis à l'abri du soleil et de ne les y exposer que lorsque la plante développée peut modérer l'ardeur de ses rayons par la transpiration.

Quoique l'action du fluide de la lumière sur la végétation ne paraisse pas aussi importante que celle des autres fluides dont j'ai déjà parlé, elle n'en est pas moins réelle : les végétaux élevés à l'ombre ou dans l'obscurité sont loin d'avoir la couleur, le parfum, la saveur, la consistance de ceux qui sont frappés directement par les rayons de la lumière ; et si ce fluide lumineux ne se combine pas dans les organes du végétal, on ne peut pas nier qu'il ne serve de puissant auxiliaire pour faciliter les combinaisons.

Il est généralement reconnu que les feuilles ne transpirent du gaz oxigène que lorsqu'elles sont frappées par le soleil; on sait aussi que les fleurs ne produisent que rarement des fruits lorsqu'elles sont exposées à l'ombre; la sensitive portée à l'ombre ferme ses feuilles comme pendant la nuit; elle les ouvre sur-le-champ dès qu'on l'expose au soleil ou à une lumière artificielle, d'après l'observation de M. Decandolle.

Les belles découvertes de Herschell ont jeté un grand jour sur ces questions délicates : cet habile physicien a prouvé que parmi les rayons qui composent le faisceau lumineux, il y en a qui possèdent presque exclusivement la propriété d'être lumineux, et d'autres celle de donner de la chaleur; Wollaston et Ritter ont ajouté à ces faits si importans, qu'il existait une troisième espèce de rayons qui paraissent destinés à agir sur

les corps comme des agens chimiques très-
puissans.

Lorsqu'on est convaincu de l'influence toute
puissante qu'exerce l'atmosphère sur la végétation, et de son action sur les principales
opérations qui s'exécutent dans les ménages
ruraux, telles que les fermentations, la préparation de plusieurs produits, et la décomposition de quelques substances pour les approprier à des usages particuliers, on est
étonné de ne trouver nulle part les instru-
mens très-simples et peu coûteux qui peuvent
en faire connaître l'état à tout moment et en
annoncer les variations.

Je ne proposerai pas de se munir d'instru-
mens délicats ou compliqués ; mais je vou-
drais qu'on trouvât par-tout un hygromètre
pour connaître le degré d'humidité de l'air,
un thermomètre pour apprécier la température, et un baromètre pour déterminer la pesanteur de l'atmosphère. Ce dernier instrument serait sur-tout précieux pour prédire les
changemens de temps ; l'élévation du mercure
annonce assez généralement le retour à la sé-

cheresse, l'abaissement indique la pluie et les orages : on ne peut regarder ces variations du baromètre que comme des indices, mais ces indices sont bien plus sûrs que ceux que déduit le peuple des campagnes des phases de la lune.

CHAPITRE II.

DE LA NATURE DES TERRES ET DE LEUR ACTION SUR LA VÉGÉTATION.

———

La terre sert de support à presque tous les végétaux : il en est quelques-uns dont les graines déposées sur les arbres par les vents ou les oiseaux, s'y développent et parviennent à leur accroissement naturel, tels sont le gui, les mousses, etc. ; il en est d'autres qui flottent sur les eaux; et d'autres enfin qui s'établissent sur des roches arides, sur des ardoises ou des tuiles sèches ; les plantes grasses sont de ce dernier genre.

La terre est le support du plus grand nombre des végétaux, et son influence sur la végétation forme une des questions les plus importantes et les plus difficiles qu'on puisse traiter.

Les plantes ne sont point, comme les animaux, susceptibles de locomotion : fixées pour toujours sur une portion de sol déterminée, elles sont condamnées à tirer toutes leurs ressources de l'espace étroit qu'elles occupent pour fournir à tous leurs besoins ; elles ne peuvent mettre à contribution que la petite partie d'air, d'eau et de terre qui les entoure et les touche : il faut donc qu'elles trouvent autour d'elles les principes nutritifs nécessaires à leur accroissement et à l'exercice de toutes leurs fonctions ; il faut encore qu'elles puissent convenablement étendre leurs racines pour aller pomper au loin des sucs nourriciers, et s'établir d'une manière solide dans la terre, afin de n'être pas déracinées par les vents ou desséchées par les chaleurs.

Ces conditions, indispensables pour assurer une bonne végétation, ne se rencontrent pas toujours dans le sol consacré à la culture, et ceci nous conduit à examiner la nature des terres et les différences qui existent entre elles.

ARTICLE PREMIER.

Du terreau.

Lorsque les végétaux sont morts, ils se dé-composent plus ou moins promptement; et dans cette opération, qui est facilitée par l'air, l'eau et la chaleur, il se forme des produits qu'il importe d'autant plus de connaître, que les principaux alimens d'une plante vivante sont fournis par la décomposition des végé-taux morts.

La décomposition est d'autant plus ra-pide, que les végétaux sont plus charnus et en plus grande masse; mais la température chaude de l'atmosphère et l'humidité des plan-tes contribuent puissamment à l'accélérer.

Pendant tout le temps que dure cette opé-ration, il se dégage beaucoup de gaz acide carbonique, qui se forme par la combinaison des principes constituans de la plante, et en partie par l'action de l'oxigène de l'atmosphère sur le carbone du végétal; il s'exhale du gaz hydrogène presque toujours carburé, qui est fourni probablement par la décomposition de l'eau; il se produit aussi du gaz ammoniacal lorsque ses élémens existent dans la plante.

Les végétaux qui fermentent en grande masse, développent toujours de la chaleur; mais lorsqu'on les a desséchés et qu'on les entasse, il suffit de les humecter légèrement pour déterminer la fermentation et leur décomposition; la chaleur, dans ce dernier cas, peut être élevée au point de déterminer l'embrasement de la masse : ce phénomène arrive toutes les fois qu'on enferme des fourrages qui ne sont pas assez secs, ou qu'on entasse des cordes, des chanvres ou du lin humides.

Dès que toutes les parties de la plante sont désorganisées, il en résulte un résidu terreux plus ou moins brun qu'on appelle *terreau*.

Outre les sels et les terres que contient le terreau, on y trouve encore des principes extractifs et des huiles qui ont échappé à la décomposition.

La distillation du terreau à la cornue produit beaucoup de gaz hydrogène carburé, du gaz acide carbonique, de l'huile bitumineuse empyreumatique, et de l'eau tenant en dissolution du pyrolignite et du carbonate d'ammoniaque.

Ces analyses par le feu n'offrent point les substances telles qu'elles existent dans les végétaux et les animaux; elles décomposent les produits naturels, et en présentent les élémens différemment combinés de ce qu'ils étaient.

L'analyse du terreau par les lavages à l'eau est bien plus propre à nous éclairer sur la nature des principes de sa composition, et à nous conduire à la connaissance de son action sur la végétation.

Du terreau pur, formé en rase campagne, lessivé à l'eau bouillante par douze décoctions successives, a fourni à M. de Saussure une quantité d'extrait sec égale à la onzième partie de son poids; il en a retiré d'une terre forte de jardin, et de la terre meuble d'un champ qui portait une belle récolte, mais en moindre quantité. Cet habile physicien s'est convaincu que la vertu des terreaux n'était pas en raison de la quantité d'extrait qu'ils contiennent.

Le terreau, dépouillé d'une partie de son extractif par les lavages, fournit à-peu-près les mêmes principes à la distillation que le terreau non épuisé ; mais quant à la végétation, elle est moins forte et moins productive dans le premier que dans le second.

Lorsque l'eau, par des décoctions répétées, se refuse à enlever une nouvelle quantité d'extractif au terreau, il suffit de l'humecter, et de le laisser exposé à l'air pendant trois mois, pour qu'il donne de nouveau de l'extrait. Ces macérations, long-temps suivies sur le même terreau, ont constamment donné des infusions colorées, qui, rapprochées, fournissent de l'extractif (Saussure); ce qui prouve que, par l'altération successive des produits végétaux, il se fait de nouvelles combinaisons, et qu'il en résulte des composés solubles dans l'eau après que ce liquide paraissait avoir épuisé son action dissolvante sur ces corps. Ce fait est d'autant plus précieux, qu'il prouve que la vertu nutritive des engrais végétaux peut se continuer pendant tout le temps que dure leur décomposition, parce qu'il se forme de nouveaux produits solubles dans l'eau, qui peuvent, d'après cela, servir d'aliment à la plante. Ce fait nous prouve encore que des

substances insolubles dans l'eau, par leur nature, peuvent former d'excellens engrais dans
les divers périodes de leur décomposition,
en donnant lieu à la formation de produits
très-solubles.

Le terreau dépouillé de son extrait fournit
un peu plus de carbone que celui qui en est
pourvu : cent parties du premier en ont donné
à M. de Saussure 33 $\frac{1}{4}$, tandis que le second
n'en contenait que 31.

Cent parties de l'extrait sec d'un terreau de
gazon ont fourni quatorze parties de cendres,
qui, lessivées à l'eau bouillante, ont donné
vingt-cinq pour cent de sels composés de potasse libre, de muriates et de sulfates alcalins.

Il faut observer que lorsqu'on réduit les
terreaux en cendres, l'eau a d'autant moins
d'action sur elles, que la chaleur a été plus intense; il se fait alors une véritable *fritte*, une
sorte de demi-vitrification, qui combine les
principes terreux avec les sels alcalins, et rend
la masse moins soluble à l'eau. M. de Saussure
a prouvé que l'eau bouillante ne pouvait extraire tout au plus qu'un à deux pour cent des

sels contenus dans les cendres du terreau, tandis qu'après avoir obtenu cinq pour cent en sels alcalins de l'extrait sec du terreau de gazon, à l'aide de l'eau bouillante, il a retiré du résidu insoluble, par d'autres procédés analytiques, une quantité de sels égale à la première.

A l'exception des principes salins et terreux que contient le terreau dans la proportion de cinq à sept pour cent, tous les autres principes sont destructibles en entier par l'action de l'air et de l'eau.

Les terreaux immergés sous l'eau, ou mis à l'abri du contact de l'air, ne se décomposent pas; mais lorsqu'on les imbibe d'eau, et qu'ils sont en contact avec l'air atmosphérique ou le gaz oxigène, ce dernier se combine avec leur carbone, et produit un volume de gaz acide carbonique constamment égal au volume d'eau qui les humecte. Lorsque cette eau est suffisamment imprégnée d'acide carbonique, le volume de l'air enfermé sous cloche et en contact avec le terreau ne change plus.

Le carbone enlevé au terreau par l'oxigène n'est pas en proportion de la déperdition qui s'opère par la décomposition ; il se dégage encore de l'hydrogène carboné et de l'eau , qui proviennent de la combinaison de l'oxigène avec l'hydrogène et de ce dernier avec le carbone.

La décomposition du terreau est très-lente, et lorsqu'elle est favorisée par le concours de l'air, de la chaleur et de l'eau, elle ne se termine qu'au bout de quelques années.

Les terres ne doivent leur fertilité, du moins en grande partie, qu'à l'existence de principes plus ou moins abondans, analogues à ceux du terreau. Ces principes leur sont fournis par les engrais et par la décomposition des plantes; mais chaque récolte opère une diminution de ces substances; une partie est entraînée par les eaux, tandis que l'autre est absorbée par les végétaux qui ont vécu sur le sol : ainsi la terre se dépouille peu-à-peu de ses principes nutritifs, et il ne reste à la fin qu'un résidu terreux, dépourvu de sucs nourriciers, et complétement infertile. C'est pour cela qu'après quelques récoltes successives, on est obligé de donner au sol de nouveaux engrais, pour rétablir sa fertilité.

ARTICLE II.

De la nature des sols.

La question que nous allons traiter est une des plus difficiles que nous présente l'agriculture ; mais comme elle en est peut-être la plus importante, nous devons y donner la plus grande attention, et y consacrer tous nos soins pour bien constater la différence et les propriétés des terres arables.

La terre est le support de presque tous les végétaux ; sa nature varie par-tout ; chaque genre de plantes en exige une particulière : l'étude des qualités d'un sol est sur-tout nécessaire lorsqu'il s'agit de s'éclairer sur la culture des végétaux, puisqu'ils y prennent leur principale nourriture, et qu'en outre leur accroissement dépend beaucoup des propriétés physiques de sa constitution.

Les sols arables, qui sont les seuls dont nous aions à parler, sont généralement composés de silice, de chaux, d'alumine, de magnésie, d'oxide de fer et de quelques substances salines.

Ces matières, mélangées à différentes proportions, forment la variété des sols, et l'on donne au terrain le nom de celle dont le caractère prédomine : ainsi on les distingue en sol siliceux, calcaire, argileux, etc. Ces dénominations sont nécessaires pour les classer d'après leur nature, pour connaître leur degré de fertilité et le genre de culture qui convient à chacun.

Seule, aucune de ces espèces de terre ne peut fournir la base d'une bonne culture; mais, par leur mélange, les vices de l'une sont corrigés par les qualités de l'autre; et le meilleur sol est celui qui réunit le plus de propriétés dans son mélange terreux pour faciliter la végétation.

Indépendamment de ces principes terreux et salins, il y a peu de sols qui ne contiennent plus ou moins de matières végétales ou animales en décomposition ; ce qui, choses égales d'ailleurs, détermine leurs degrés de fertilité.

ARTICLE III.

De la formation des terres arables.

Les sols arables sont, presque tous, le produit de la décomposition des roches qui forment la base de notre globe : plusieurs causes concourent à opérer cette décomposition.

Les eaux se précipitant en torrens du haut des montagnes, en sillonnent les flancs et entraînent avec rapidité toutes les portions de roches qu'elles détachent. Ces pierres sont ensuite roulées par le courant plus ou moins rapide des rivières ; leurs angles s'émoussent par le choc continuel des unes contre les autres, leurs formes s'arrondissent, les surfaces deviennent lisses, leur volume diminue, et il se forme successivement des *galets*, du sable et de l'*humus* minéral.

Les pierres qui forment ces dépôts, le limon qui les lie, sont d'autant plus divisés, qu'ils sont parvenus à une plus grande distance des montagnes dont ils émanent, ou que la roche est plus ou moins dure, et les courans d'eau plus ou moins rapides.

Presque toutes les terres de nos riches vallées doivent leur origine à la décomposition
des roches ; on peut juger de leur nature et
des élémens qui les constituent par la connaissance de ceux qui composent les montagnes, dont elles ne sont que la dépouille. Ainsi
les débris des montagnes granitiques composées de quartz, de feldspath et de mica,
formeront des terres mélangées de silice,
d'alumine, de chaux, de magnésie et d'oxide
de fer ; les montagnes quartzeuses, presque
uniquement composées de terre siliceuse,
donnent naissance à des sols d'une nature
analogue, et ainsi de suite pour les autres.

On serait pourtant dans l'erreur si on
croyait que les terrains formés par les *détritus*
des montagnes sont par-tout de la même nature et contiennent les mêmes principes et
dans les mêmes proportions que les roches
qui leur donnent naissance : pour que cela
fût ainsi, il faudrait que toutes les terres qui
composent ces roches eussent la même gra-
vité spécifique et la même affinité avec l'eau,
ce qui n'est pas. Dès-lors, on conçoit que,
parvenues toutes au même degré de ténuité,

les unes doivent se déposer, tandis que les autres continuent à être entraînées par le courant : la terre siliceuse et les oxides de fer doivent prédominer dans les dépôts qui se forment les premiers, et successivement la chaux, l'alumine et la magnésie.

C'est un spectacle bien intéressant que celui qui nous est offert, lorsqu'on suit avec attention les changemens qui s'opèrent dans les terrains d'alluvion, à mesure qu'ils s'éloignent de la source des rivières qui les produisent, soit qu'on les observe sous le rapport de la division et du mélange des principes qui les constituent, soit qu'on les considère dans les différences qu'ils présentent à diverses distances de la source d'où ils émanent.

Indépendamment de la différence de pesanteur spécifique et de dureté qui existe entre les principes terreux, ce qui a dû varier la nature de tous les terrains d'alluvion formés par les fleuves et les rivières, il existe d'autres causes naturelles qui y contribuent puissamment.

Les rivières reçoivent dans leur cours d'autres eaux, qui mêlent les débris terreux qu'elles charrient avec le limon des premières, et de ce mélange il résulte des modifications infinies dans la nature des dépôts qui se forment.

Il arrive même souvent que ce mélange du limon de deux rivières forme un dépôt plus fertile que ne le serait chacun d'eux séparément; l'un corrige les défauts de l'autre et lui sert d'amendement : c'est ainsi que les débris des montagnes quartzeuses, mêlés aux principes argileux et calcaires provenant des débris d'autres montagnes, constituent une terre plus fertile que celle qui proviendrait de la décomposition de chaque montagne séparément.

Ainsi la plupart des terres consacrées aujourd'hui à la plus riche culture, ne sont que les débris de ces montagnes imposantes, dont les flancs, déchirés et entraînés par les torrens, se réduisent en poudre dans le trajet qu'ils parcourent, et se déposent dans les vallées pour y former la base de l'agriculture. Sans doute, on ne peut pas rapporter à d'autres causes qu'à celles que je viens d'indiquer, la formation des terres arables qui existent dans les vallées; mais celles qui couvrent ces vastes plateaux qui couronnent les montagnes, ainsi que celles qui en recouvrent les flancs, doivent avoir une autre origine.

L'action continue de l'air et de l'eau dans ces derniers cas a pu seule produire ces résultats; cette action a dû être très-lente, et les effets en seraient à peine sensibles au bout de plusieurs siècles, si d'autres agens ne s'étaient réunis aux premiers pour hâter la décomposition de ces roches et les convertir en terre productive.

La décomposition de ces roches doit être d'autant plus rapide, qu'elles sont moins compactes et plus perméables à l'eau; elle est plus lente lorsque les terres qui les composent sont mieux liées entre elles, qu'elles ont peu d'affinité avec l'air et l'eau, et qu'elles repoussent toute combinaison avec ces agens.

Pour nous rendre raison de l'action de l'air et de l'eau sur les roches dont nous parlons, il faut considérer que plusieurs d'entre elles contiennent de la chaux qui est très-incomplétement saturée, et du fer oxidé, pour l'ordinaire, au *minimum* : de sorte que la chaux tend continuellement à enlever à l'air son acide carbonique, tandis que l'oxide de fer se com-

bine avec son oxigène : ces combinaisons seraient promptes si ces deux substances n'étaient
pas liées, empâtées, et pour ainsi dire fondues
et incorporées avec d'autres, qui, n'ayant pas
la même affinité avec l'air, s'opposent à son
action : il faut donc faire intervenir un autre
agent qui rompe cette aggrégation intime, et
cet agent est l'eau.

L'eau mouille fréquemment la surface des
roches et y séjourne plus ou moins long-temps ;
elle pénètre peu dans la masse, mais enfin elle
humecte la première couche et doit s'insinuer
insensiblement dans les fissures ; lorsque le froid
la convertit en glace, celle-ci disjoint et rompt
la cohésion des premières molécules ; elle
donne ainsi accès à l'action de l'air, qui combine ses principes avec la chaux et l'oxide de
fer : dès ce moment la surface de la roche a
changé de nature, et les progrès de sa décomposition deviennent plus rapides. Alors
les lichens ou les mousses peuvent se fixer
sur la surface des roches, et ils en continuent
l'altération ; leurs racines déliées s'insinuent
dans les pores et les fissures ; elles en font
éclater les parois par l'effort continu qu'elles

exercent, et forment de légères couches successives de matière pulvérisée.

L'eau seule, en pénétrant peu-à-peu dans
l'un des principes terreux de la roche, produirait à la longue le même effet; mais son
passage à l'état de glace doit hâter singulièrement son action.

Dès que la surface de la roche est entamée,
et que les lichens et les mousses s'y sont établis, toutes les plantes qui prennent peu de
nourriture dans la terre s'y fixent à leur tour,
et leurs décompositions successives ajoutent
peu-à-peu à la couche légère de terre qui
recouvre la roche; avec le temps, on parvient
à y cultiver toutes sortes de végétaux.

Jusqu'ici nous n'avons consulté que l'action
des agens qui peuvent nous expliquer la formation des terres arables : ces seules causes
ont mis sans doute à notre disposition presque toutes les terres qui sont consacrées à
l'agriculture; mais la main de l'homme et les
générations successives des plantes les ont
rendues bien plus propres à cet usage.

On a successivement enlevé aux terres d'alluvion les grosses pierres qui avaient échappé

au broiement et qui nuisaient aux récoltes ; on a divisé les sols trop compactes, et, par des mélanges bien entendus, chaque terrain a été convenablement amendé ; tous les sols ont été successivement engraissés des débris des plantes et du fumier des animaux , et l'expérience a fait connaître à l'homme quel était le genre de culture et l'espèce de végétal qui convenaient à chaque sol.

La nature a préparé les sols, l'homme seul les a disposés de manière à les faire produire selon ses goûts et ses besoins.

Mais quelle est la différence des sols ? quels sont ceux qui sont les plus propres à l'agriculture ?

En consultant la nature et la variété des roches dont les terres arables ne sont originairement que les débris, et qui, malgré les travaux de l'homme et les résultats de la végétation , conservent toujours leur caractère primitif, nous devons trouver les variétés suivantes.

Parmi les roches primitives ou de première origine, le granit occupe sans doute le premier rang ; il est généralement formé par l'aggrégation plus ou moins compacte de quelques pierres différentes par leur forme, leur couleur, leur dureté et leur composition : ces pierres sont le plus communément le feldspath, le quartz et le mica.

Ces pierres élémentaires du granit forment aussi séparément des roches où l'on ne trouve réunis que deux de ces principes, comme dans le schiste micacé, qui est composé de quartz et de mica, disposés en couches quelquefois curvilignes ; souvent le quartz forme, à lui seul et presque sans mélange, des montagnes primitives.

Je me bornerai à ces espèces, parce que les autres ne présentent pas, à beaucoup près, les mêmes masses, et n'occupent pas la même étendue sur le globe.

Je ne parlerai pas non plus de quelques substances qui se trouvent plus ou moins dans le granit, telles que l'hornblende ou amphibole, la serpentine, etc., ces corps y sont trop secondaires.

La composition des pierres qui constituent le granit varie beaucoup entre elles. Le quartz est presque uniquement formé par la terre siliceuse; le feldspath, par la silice, l'alumine, la chaux, la potasse et l'oxide de fer; le mica contient en outre de la magnésie.

Ainsi, lorsque le granit se décompose, il donne naissance à des terrains où l'analyse retrouve tous ces principes; tandis que les débris des montagnes quartzeuses ne forment que des couches de terre siliceuse, et que ceux des roches de schiste micacé ne contiennent que les élémens du feldspath et du mica.

Les montagnes calcaires, composées de carbonate de chaux sans aucune apparence des débris des corps animés, sont rangées par les naturalistes parmi les roches primitives, et donnent lieu à la formation de sols calcaires.

Tous les terrains qui sont formés par le *détritus* des roches primitives, sont de première origine, et devraient en porter le nom, pour les distinguer de ceux qui doivent naissance à d'autres causes que je vais faire connaître.

Indépendamment des causes que je viens d'énoncer et qui ont donné lieu à la formation de la plupart des terres arables, il en est d'autres auxquelles plusieurs terrains doivent leur origine.

Les bouleversemens qu'a éprouvés successivement le globe; la décomposition des couches pyriteuses qui paraissent avoir recouvert une partie de sa surface ; les lacs nombreux qui ont disparu par la main de l'homme ou par la rupture accidentelle de leurs digues naturelles; le jeu des volcans; l'irruption des mers; la dépouille osseuse des animaux et les débris des végétaux enfouis , ont encore formé des sols de toute nature que l'homme a ensuite appropriés à ses usages.

ARTICLE IV.

De la composition des terres arables.

La nature des terres arables serait facile à déterminer, si nous ne consultions que celle des roches qui leur ont donné naissance; mais les végétaux, l'homme et le temps y ont apporté tant de changemens, que le caractère primitif a presque disparu, et qu'il faut les juger et les apprécier d'après leur état actuel.

Tous les sols consacrés à l'agriculture sont, en général, un mélange de silice, de chaux et d'alumine ; ces terres sont mêlées de cailloux ou de sable de diverses natures et en différentes proportions, ainsi que des débris des substances animales et végétales plus ou moins décomposées. Les autres matières que l'analyse trouve dans ces terres n'y sont pas en assez grande quantité pour qu'elles puissent être classées parmi leurs élémens ; et lorsqu'elles y sont trop abondantes, ce qui arrive dans certaines localités quant à la magnésie et à l'oxide de fer, le sol en est moins propre à la végétation.

Le mélange de la chaux, de la silice et de l'alumine forme donc la base d'un bon terrain ; mais pour que ce terrain possède toutes les qualités désirables, il faut certaines proportions dans le mélange que l'analyse des meilleurs sols a fait connaître.

Je vais examiner d'abord quelles sont les proportions entre ces terres qui constituent les sols les plus propres à la végétation, je ferai connaître ensuite les propriétés particulières à chacune de ces terres, pour en déduire leurs effets, et éclairer l'agriculteur sur la manière d'amender ou de corriger les vices de l'une par les qualités de l'autre ; je m'occuperai, en dernier lieu, des principes accidentels que déposent les animaux ou les végétaux dans ces mélanges terreux pour les rendre plus fertiles, et je terminerai par un court exposé des moyens que l'agriculteur peut employer pour connaître la nature de ses terres.

Pour connaître la composition terreuse des sols qui passent pour être les plus fertiles sous divers climats, on ne peut que s'en rapporter aux analyses qui en ont été faites par des hommes dignes de toute confiance.

Bergmann a trouvé qu'en Suède un des sols les plus fertiles contenait :

Silex grossier..........	30
Silice................	26
Alumine..............	14
Carbonate de chaux....	30
	100

Giobert a analysé un sol fertile des environs de Turin, où les principes terreux étaient dans les proportions suivantes :

Silice................... 77 à 79
Alumine............. 9 à 14
Carbonate de chaux.. 5 à 12

Le mélange le plus fertile qu'ait composé Tillet dans le grand nombre d'expériences qu'il a faites à Paris, était composé de $\frac{3}{8}$ de terre glaise, $\frac{3}{8}$ de fragmens de pierre à chaux très-pulvérisés, et $\frac{2}{8}$ de sable. En réduisant ces composés à leurs élémens, on trouve :

Silex grossier............. 25
Silice 21
Alumine................... 16 5
Carbonate de chaux....... 57 5

Un excellent sol à blé, dans le voisinage de Drayton, en Middlesex, a fourni à M. Davy les $\frac{3}{5}$ en sable siliceux ; les $\frac{2}{5}$ restans étaient composés de trois terres très-ténues, dans les proportions suivantes :

Carbonate de chaux....... 28
Silice.................... 52
Alumine.................. 59

Je ne parle pas de l'eau et des matières animales et végétales que le sol contenait, et qui y entraient dans la proportion d'environ $\frac{1}{10}$ par rapport aux terres.

J'ai analysé un sol très-fertile, formé par les alluvions de la Loire à cent vingt-cinq lieues de sa source, et je l'ai trouvé composé de :

Sable siliceux	32
Sable calcaire	11
Silice	10
Carbonate de chaux	19
Alumine	21
Débris végétaux	07

L'analyse d'un sol en Touraine, qui venait de produire un beau chanvre, m'a donné :

Sable grossier	49
Carbonate de chaux	25
Silice	16
Alumine	10

Nous voyons d'après ces analyses qu'il n'y a point de bon terrain où il ne se trouve pas, en grande proportion, une quantité de sable qui divise les terres pulvérulentes, ameublisse le sol, et facilite l'écoulement des eaux surabondantes.

Si nous consultions l'analyse des sols moins

fertiles, nous verrions qne la fertilité diminue en proportion de ce que l'une ou l'autre
des trois terres principales prédomine, et
qu'elle devient presque nulle dans le cas où
le mélange ne présente plus que les propriétés d'une seule.

Le mélange des terres est donc nécessaire
pour former un bon sol; il peut seulement
varier, dans la proportion des terres qui le
constituent, suivant la nature du climat et
l'espèce de végétaux qu'on cultive. La terre
calcaire et la silice peuvent exister en plus
grandes proportions dans les pays constamment humides que dans les pays secs; et
l'alumine peut, à son tour, prédominer dans
les terrains en pente d'où l'eau s'échappe facilement; mais le mélange des trois terres
constitue seul un bon terrain, et une trop
forte disproportion dans leur mélange altère
la qualité des sols.

Les parties constituantes d'un sol tendent
continuellement à s'atténuer et à devenir pulvérulentes. Les labours fréquens, l'action des
sels et des fumiers, l'effet des gelées, produisent peu-à-peu cette division extrême; et

lorsque le sol n'est plus formé que par le mélange de ces matières réduites en poussière, il cesse d'être productif : alors il n'a plus de consistance ; l'eau le réduit en une véritable boue, la chaleur en lie et en resserre tellement les parties, que l'air n'y a plus d'accès, et que les racines ne peuvent plus remplir leurs fonctions. M. Davy a observé que tout sol composé de $\frac{19}{20}$ de matières impalpables était complétement stérile : les fumiers peuvent momentanément corriger ces défauts ; mais comme l'effet en est passager, il convient mieux de mêler à ces sols appauvris le sable et le gravier dont ils manquent, pour rétablir leur fertilité.

Il paraît que les trois terres qui forment la base des sols fertiles peuvent passer dans les plantes : Bergmann l'avait prouvé par l'analyse de plusieurs espèces de graines, et Ruckert nous a donné les résultats de ses recherches sur une suite de produits végétaux, qui ne laissent pas de doute à ce sujet. Cent parties environ de cendres bien lessivées, et conséquemment dégagées de presque tous leurs sels, lui ont donné :

	silice.	chaux.	alumine.
Cendres de blé..............	48	37	15
d'avoine............	68	26	6
d'orge..............	69	16	15
de seigle............	63	21	16
de pomme de terre...	4	66	30
de trèfle rouge.......	37	33	30

Tous les sols ne sont pas formés du mélange des trois terres qui constituent les plus fertiles; ils sont composés souvent de la réunion de deux, par exemple, de la silice avec l'alumine, du carbonate de chaux avec cette dernière, etc.; nous trouvons même quelquefois chacune de ces terres mêlées séparément avec des sables quartzeux ou calcaires, et formant des terres cultivées.

Il est rare que dans la composition des sols dont nous venons de parler dans le paragraphe qui précède, il n'entre que les deux substances désignées; mais la proportion des autres y est tellement dominée par celles qui donnent leur caractère au mélange, qu'on peut ne pas s'en occuper.

Le mélange de la silice avec l'alumine forme ce sol qu'on appelle *glaiseux*, argileux ou simplement *glaise*. Les propriétés de l'alumine dominent dans les glaises, et ces sols sont peu fertiles par-tout où les proportions de cette terre font la moitié ou plus de leur composition : dans cet état, la glaise ne peut être employée que pour faire la base de quelques poteries, sur-tout lorsque l'autre partie constituante n'est que du silex divisé.

J'ai eu occasion d'analyser trois *glaises* extraites de trois champs situés sur un plateau formé presque en totalité de marne argileuse. La première m'a donné :

Silex en grains................ 17
Alumine...................... 47
Silice....................... 21
Carbonate de chaux.......... 10
Carbonate de magnésie....... 3
Oxide de fer................. 2

La seconde :

Silex en grains.............. 22
Silice...................... 15
Alumine..................... 45
Carbonate de chaux......... 11
Carbonate de magnésie...... 4
Oxide de fer................ 3

La troisième :

Silex en grains	19
Silice	24
Alumine	40
Carbonate de chaux	9
Carbonate de magnésie	5
Oxide de fer	3

Les autres principes étaient des débris d'engrais peu décomposés.

Ces trois espèces de sols peu productifs deviennent pâteux par les pluies ; l'eau qui y séjourne est constamment trouble et blanchâtre, sur-tout lorsqu'elle est agitée par les vents ; la chaleur les gerce, les fendille, les durcit et les rend impénétrables à la charrue ; on ne leur donne quelque fertilité que par l'emploi d'une grande quantité de fumier de litière non décomposé, et sur-tout en enfouissant au moment de la floraison des récoltes de sarrasin ou blé noir.

Les sols qui proviennent du *détritus* ou de la décomposition des montagnes de grès calcaire, de celles de carbonate de chaux primitif ou secondaire, ne présentent souvent qu'un mélange de sable calcaire dont les grains sont liés par une poudre de carbonate de même nature.

Ces terres sont en général légères, poreuses et propres à plusieurs genres de culture, surtout dans les climats pluvieux, lorsque la couche a de la profondeur, et qu'elle repose sur une base qui peut retenir les eaux et les conserver pour les besoins des plantes qui y croissent. Ce sol est bon pour la vigne; il est très-propre à la culture du sainfoin; et lorsqu'il est convenablement engraissé, il peut fournir de bonnes récoltes en seigle, avoine et orge.

On donne à ces sols la dénomination de *terres calcaires*, quoiqu'ils contiennent presque toujours d'autres principes, parce que les propriétés du carbonate de chaux y dominent tellement, que celles des autres substances y sont à peine sensibles.

Le mélange de l'alumine et de la chaux constitue une autre espèce de sol qui, par lui-même, est peu productif lorsque l'alumine en forme plus de la moitié; mais il sert avec avantage à amender les autres. On désigne celui-ci par le nom de *marne* ou sol marneux.

La nature de ce sol varie beaucoup d'après la proportion des principes constituans : on dit que la marne est *argileuse* ou *grasse* lorsque les qualités de l'alumine dominent, on la dit *calcaire* ou *maigre* lorsque le sous-carbonate calcaire lui donne ses caractères.

La marne présente souvent des fragmens de coquillages, quelquefois même ses couches sont presque uniquement composées de leurs débris, les falhuns sont de cette espèce : c'est la plus maigre et la meilleure de toutes pour amender des sols argileux.

La marne grasse est souvent mêlée avec du sable siliceux, qui en lie les parties, et contribue à la bonté de l'amendement lorsqu'on l'emploie à cet usage pour les terres légères et calcaires.

J'ai vu de la marne qui contenait soixante-dix pour cent de ce sable, vingt d'alumine et dix de carbonate de chaux; on l'employait avec succès dans des sols purement calcaires.

On trouve ordinairement la marne par couches dans le sein de la terre et à une légère profondeur. Lorsqu'elle est extraite, et exposée à l'air, elle présente des phénomènes qui varient selon sa qualité.

En général, la marne se divise par l'action combinée de l'air et de l'eau, et elle se réduit en poudre; mais la décomposition est bien plus prompte et plus complète lorsque les deux terres y sont dans des proportions convenables, que lorsque l'une d'elles y est trop dominante.

L'eau ramollit et délaie peu-à-peu l'alumine; l'air dépose son acide carbonique sur la chaux qui n'en est pas encore complétement saturée; l'oxigène se porte sur le fer, qui est presque inséparable des marnes, et augmente son oxidation; de sorte qu'il se produit un véritable changement dans la nature de cette terre, et la marne acquiert des propriétés qu'elle n'avait pas; elle devient pulvérulente, et c'est dans cet état qu'on l'emploie pour amender et féconder d'autres terres.

Lorsque la marne est fortement argileuse, le feu la durcit et la rend sonore comme la poterie bien cuite; lorsqu'elle est calcaire presqu'en entier, le feu la convertit en chaux, et j'en ai vu, dans les Cévennes, qui était mêlée avec une assez suffisante quantité de sable quartzeux pour qu'on l'employât seule, après l'avoir calcinée, pour former un excellent mortier.

La proportion des deux terres varie prodigieusement dans la composition de la marne : des analyses nombreuses de marnes employées dans le midi et dans le centre de la France , m'ont donné depuis dix jusqu'à soixante pour cent de sous - carbonate des chaux, de quinze à cinquante pour cent d'alumine, et de quinze à soixante-dix pour cent de sable siliceux. La marne provient souvent de la décomposition du *silex* ou pierre à fusil.

ARTICLE V.

Des propriétés des différentes terres.

Comme les terres dont le mélange constitue les sols dont je viens de parler, n'ont pas toutes les mêmes qualités, et qu'elles se comportent différemment avec l'air, l'eau et la chaleur, qui sont les plus puissans agens de la végétation, la bonté du sol résulte de l'ensemble des vertus réunies de chaque espèce; ce qui suppose des mélanges convenables, dans lesquels les vertus de l'une corrigent les vices ou les défauts de l'autre.

Mais, pour opérer ces mélanges, et réparer ce qu'il y a de défectueux dans plusieurs; pour pouvoir les approprier par l'art à la nature de quelques cultures particulières, il faut connaître les qualités propres de chaque espèce de terre, et c'est de cet objet que je vais m'occuper.

La terre siliceuse ou la silice existe dans toutes les roches dures primitives, et elle forme la presque totalité des montagnes quartzeuses.

Pour l'obtenir dans son plus grand degré de pureté, on fond le cristal de roche avec six parties de potasse; on dissout dans l'eau, et on s'empare de l'alcali par l'acide muriatique; on évapore à siccité, on lave le dépôt et la silice reste pure.

En cet état, la silice a l'aspect d'une terre blanche, impalpable; elle est rude au toucher; ses molécules, délayées dans l'eau, se précipitent avec une facilité extrême et ne paraissent point faire corps entre elles.

La pesanteur de la silice, comparée à celle de l'eau, est de 2,5.

Elle est insoluble dans presque tous les aci-des : le fluorique seul la dissout et peut l'enlever au verre, dont elle forme un des principes.

Les lessives alcalines chaudes la dissolvent un peu.

Comme on la trouve en assez grande abondance dans les végétaux, elle ne peut y être introduite que dans un état de division extrême, ou peut-être en dissolution par l'un des alcalis.

Cette terre est inaccessible à l'action de l'air et du feu, parce qu'elle est saturée d'oxigène, et que, d'après Davy et Berzelius, elle paraît composée de parties égales d'oxigène et d'une base appelée *silicium.*

D'après mes expériences, cette terre, impalpable et très-sèche, absorbe à peine le quart de son poids d'eau, et elle la laisse s'évaporer deux fois plus vite que le carbonate de chaux également divisé, et cinq fois plus vite que l'alumine dans le même état.

Toutes les roches primitives composées contiennent de l'alumine.

Pour avoir l'alumine pure, on la précipite,

par l'ammoniaque, d'une dissolution d'alun dont elle fait la base ; on lave avec soin le précipité ; on chauffe le résidu, et on obtient cette terre dans un état de pureté parfaite ; elle se présente alors sous la forme d'une poudre blanche, qui a les propriétés suivantes :

Elle happe fortement la langue ;

Sa pesanteur spécifique est de 2, 2 à 2 3 ;

Elle durcit au feu, y prend beaucoup de retrait et ne se délaie plus dans l'eau ;

Elle absorbe l'eau avec avidité, en prend deux fois et demie son poids avant d'en être saturée, et la retient avec force, sur-tout lorsque celle qui en mouille les surfaces est évaporée ; elle ne la cède en entier qu'au plus grand degré de feu, et lorsqu'on la fait passer à l'état de fusion.

L'alumine saturée d'eau forme une pâte molle, douce au toucher, facile à manier et recevant aisément toutes les formes qu'on veut lui donner.

D'après les expériences de Berzelius, elle est composée de 46,70 oxigène et de 53,30 d'*aluminium*.

La *chaux* existe dans la plupart des roches

primitives et forme la base de toutes les montagnes calcaires, primitives ou secondaires.

On peut l'obtenir pure en calcinant à un très-haut degré de feu le spath d'Islande, le marbre primitif, etc., ou en la précipitant de ses dissolutions dans les acides.

La chaux est âcre et brûlante sur la langue.

Elle absorbe l'eau avec avidité et sifflement, et forme avec elle un hydrate ou une pâte qui fait la base des mortiers.

L'acide carbonique, avec lequel elle a beaucoup d'affinité, se combine avec elle, et en sépare peu-à-peu l'eau, qui s'évapore.

La chaux pure est composée de 28,09 d'oxigène et de 71,91 de calcium.

La chaux, telle qu'elle existe dans les sols consacrés à la culture, y est à l'état de carbonate, et ses propriétés sont très-différentes de celles qu'elle présente dans son état pur.

Sa pesanteur spécifique est de 2,0.

Le carbonate pulvérisé absorbe 0,8 son poids d'eau, et la retient avec moins de force que ne fait l'alumine.

Le mélange de ces terres a des propriétés

générales qui résultent de la réunion des qualités que chaque terre apporte dans la composition du sol ; mais indépendamment de l'action que ces principes exercent les uns sur les autres, celle des engrais, de l'air, de l'eau, des labours, produit des modifications qu'il est important de faire connaître.

Je vais donc examiner quelle est l'influence qu'exercent tous ces agens sur les divers terrains : je me livre à cette discussion avec d'autant plus de raison, que l'agriculteur pourra y trouver des principes de conduite, et l'explication de plusieurs phénomènes qu'il a observés jusqu'ici, mais dont il n'a pas pu peut-être se rendre raison.

Nous avons déjà vu que l'air fournissait à la plante deux de ses principes constituans, dont l'un (l'acide carbonique) contribuait à sa nutrition par le carbone qu'il y déposait, tandis que l'autre (l'oxigène) en soutirait une portion de carbone. Ce dernier devient encore le principal agent de la décomposition des engrais et des végétaux morts ; mais l'action de l'air ne se borne pas à ces fonctions, quelque importantes qu'elles soient.

On peut considérer l'air comme un véhicule qui se charge constamment d'une quantité plus ou moins considérable d'eau en vapeurs, et qui en dépose une partie sur la terre par la fraîcheur des nuits; la surface du sol et les feuilles des végétaux en sont souvent mouillées dès le matin; le retour du soleil et de la chaleur évapore ce liquide, qui retombe le soir et pendant la nuit: c'est ainsi que par ce mouvement alternatif, déterminé par les variations de température qui ont lieu pendant les vingt-quatre heures, l'eau est sans cesse appliquée à la plante pour la préserver de l'effet des chaleurs excessives, qui en dessécheraient tous les organes.

Les vapeurs aqueuses suspendues dans l'air commencent à se condenser et à se précipiter au coucher du soleil; elles entraînent et amènent avec elles la plupart des émanations qui s'étaient élevées pendant le jour; ces émanations, presque toujours bienfaisantes pour la plante, qui s'en nourrit, sont souvent dangereuses et délétères pour l'homme, et ce n'est pas sans raison qu'il redoute et évite le *serein*.

Dans les climats du midi, où le soleil est

plus ardent et les pluies moins fréquentes, la végétation ne se maintient que par les rosées, qui y sont beaucoup plus abondantes que dans le nord.

Mais pour que la rosée des nuits puisse produire le meilleur effet sur les plantes, il faut que le sol réunisse certaines dispositions qu'il ne possède pas toujours.

Lorsque le sol est dur et compacte, et qu'il forme une croûte impénétrable à l'air, la rosée se dépose à sa surface, et elle s'évapore aux premiers rayons du soleil sans avoir humecté les racines, ni mouillé l'intérieur de la terre : de sorte que, de tous les organes qui servent à la nourriture du végétal, il n'y a que les feuilles qui profitent alors des bienfaits de la rosée ; les racines, qui sont le principal organe de la nutrition lorsque la plante est déve-loppée, n'y participent alors en aucune manière.

Il faut donc que le sol soit bien meuble, bien ouvert, pour que l'air puisse aller déposer l'eau dont il est chargé sur la surface même des racines et sur toutes les parties de la terre, jusqu'à une certaine profondeur :

alors la plante jouit, par tous ses pores, des effets fécondans de la rosée, et l'effet en est plus durable pour la racine, parce que, soustraite à l'action directe du soleil, l'évaporation y est plus lente, et sa surface reste humide long-temps après que la feuille est desséchée par le soleil ; d'ailleurs la terre, faiblement humectée par la rosée, facilite l'action des racines, soit pour s'étendre soit pour pomper des sucs nutritifs.

Ceci nous conduit naturellement à l'explication d'une pratique dont tous les agriculteurs ont reconnu l'avantage : lorsque les végétaux sont semés en rayons et à une certaine distance les uns des autres, tels que les pois, les haricots, les pommes de terre et les racines, on pioche, on laboure le sol dans les intervalles que laissent entre elles les plantes développées : par ce moyen on ameublit le sol, et on le rend poreux et perméable à l'air. On a attribué jusqu'ici les bons effets de cette méthode à la destruction des plantes étrangères, qui épuisent le sol et nuisent par leur voisinage à celles qu'on veut exclusivement cultiver ; on a dit encore que le terrain ainsi remué et retourné était plus propre à recevoir l'eau des pluies et à la mieux distribuer. Je ne disconviens pas que ces effets ne soient réels, mais je les regarde comme très-secondaires et subordonnés à celui d'ouvrir un accès à l'air, pour qu'il puisse déposer sa rosée sur les racines et dans l'intérieur de la terre.

J'ai observé constamment que l'effet de cette méthode était aussi prompt qu'admirable dans la culture des betteraves, et je n'en emploie pas d'autre pour ranimer la végétation, lorsqu'elles jaunissent et dépérissent; en trois ou quatre jours, elles deviennent d'un beau vert et se développent, quoiqu'il ne survienne pas de pluie, et que souvent le sol ne contienne pas avant l'opération une seule plante étrangère; j'ai fait la même observation sur toutes les racines.

Un procédé qu'on pratique généralement dans le midi de la France pour la culture de la vigne, a long-temps fixé mon attention sans que je pusse me rendre raison de ses effets : dans ce pays, où il ne pleut presque jamais pendant l'été, on déchausse le pied de

chaque cep de vigne en creusant tout autour
une fosse circulaire assez large et assez profonde pour mettre à nu une grande partie
du pied de la souche et les radicules qui le recouvrent : les feuilles des sarmens ne tardent
pas à recouvrir l'ouverture de cette fosse. Il
est évident que cette méthode n'a pas d'autre
avantage que de faciliter l'accès de l'air jusqu'aux racines, pour qu'il y dépose la rosée
abondante dont il est plus chargé dans ces climats que dans d'autres plus froids : s'il n'en
était ainsi, cette pratique disposerait la plante
à être desséchée par l'ardeur continue et dévorante du soleil.

Mais les sols n'ont pas tous la même affinité
avec l'eau, ce qui tient aux divers degrés de
ténuité ou de division de leurs parties constituantes et à la nature des substances qui entrent dans leur composition.

En général, plus les parties d'un sol sont
divisées, mieux elles absorbent l'eau.

On peut ranger dans l'ordre suivant la propriété absorbante que possèdent les élémens
qui composent un sol fertile :

Substances végétales,

Substances animales,
Alumine,
Carbonate de chaux,
Silice.

Mais l'alumine et les sols où elle prédomine par ses caractères, ne sont pas ceux qui s'emparent de l'humidité de l'air avec le plus d'avantage; ils retiennent l'eau avec trop de force et les végétaux souffrent de la sécheresse, comme s'ils étaient sur un fond de sable.

Les terres poreuses, légères, composées de justes proportions d'alumine, de sable, de carbonate de chaux, de silice et de débris végétaux et animaux, sont les plus propres à absorber l'humidité de l'air et à la conserver, pour la transmettre le plus régulièrement et le plus à propos à la plante.

L'expérience a conduit M. Davy à un résultat bien précieux pour la science agricole; il a comparé l'énergie avec laquelle divers sols absorbent l'humidité atmosphérique, et il a constamment trouvé que les plus fertiles sont ceux qui jouissent de cette faculté au plus haut degré : de telle sorte qu'on peut estimer et classer la fertilité des sols d'après cette propriété.

Mille parties du fameux sol de Ormiston dans le Lothian oriental, qui contient plus de la moitié de son poids de matière ténue, dont la composition est de onze carbonate de chaux et neuf de substances végétales desséchées à cent degrés, ont gagné dix-huit gr. dans un air saturé d'humidité, à la température de seize degrés.

Mille parties d'un sol très-fertile, formé par les dépôts de la rivière Parret, dans le Sommersetshire ont gagné seize gr.

Mille parties d'un sol situé à Marsea en Essex ont gagné treize gr.

Mille grains de sable fin d'Essex ont gagné onze gr.

Mille grains de sable plus grossier ont gagné huit gr.

Mille grains des landes de Baysthot en ont gagné trois.

La vertu absorbante des terres a été trouvée constamment en rapport avec la fertilité du sol et son prix de location.

Il n'est rien de plus important dans la science agricole que de bien connaître la faculté qu'ont les différens sols d'absorber l'humidité de l'air, et de déterminer les différens degrés de force que chacun d'eux possède à cet égard. Les moyens qu'on peut employer sont à la portée de tous les cultivateurs; il ne s'agit que de sécher le même poids de chaque espèce de terre également divisée, et de peser, soir et matin, pendant quelques jours, pour apprécier ce qui a été absorbé pendant la nuit. Il est nécessaire, pour obtenir des résultats sûrs, de donner à chaque essai le même poids, la même division, le même degré de dessiccation et une épaisseur égale à chaque couche.

D'après tout ce que je viens d'exposer, on voit que l'air et l'eau forment deux puissans agens de la végétation ; ils agissent par eux-mêmes en fournissant des principes nutritifs par leur décomposition ; ils agissent comme secondaires ou auxiliaires, en servant de véhicule ou de dissolvant à d'autres substances qu'ils charient dans la plante.

Mais si ces agens fournissent des alimens à la plante, la chaleur seule en détermine l'élaboration en animant les organes du végétal.

On peut observer cet effet de la température non-seulement sur les végétaux, mais sur plusieurs classes d'animaux, et sur presque tous les insectes qui s'engourdissent par le froid et se raniment par la chaleur.

Tous les sols ne sont pas également propres à recevoir et à conserver la chaleur.

Les terres blanches s'échauffent difficilement : lorsque l'argile blanche ou la marne alumineuse y prédominent, elles sont presque toujours humides et elles retiennent peu la chaleur. Les terres crayeuses, calcaires et blanches prennent difficilement la chaleur, mais elles la perdent moins vite; les terres colorées absorbent la chaleur en raison du degré de leur nuance, depuis le brun jusqu'au noir.

M. Davy a observé qu'un terreau noir qui contenait près d'un quart de matière végétale, exposé au soleil, avait acquis en une heure une élévation de température, qui de douze degrés avait porté le thermomètre à trente et un degrés ; tandis que, dans les mêmes circonstances, un sol à base de craie n'avait pris que deux degrés. Le terreau étant reporté à l'om-

bre à la température de 16,6 degrés, le thermomètre descendit de 8,3 degrés en demi-
heure, et la craie perdit dans le même temps
et à la même exposition 2,2 degrés.

Une quantité égale d'un sol brun fertile, et d'une argile stérile, furent sé-
chés et portés à trente et un degrés; on
les exposa en cet état à une température de
quatorze degrés, en demi-heure la terre du
sol perdit cinq degrés et l'argile 3,3 degrés;
l'argile humide, élevée à trente et un degrés et
exposée à une température de trente, prit
cette dernière en moins d'un quart d'heure.

Les variations de température dans les sols
de différente nature, et leur affinité plus ou
moins grande pour absorber ou retenir le
calorique, méritent l'attention de l'agriculteur; des observations à ce sujet n'exigent que
l'emploi d'un bon thermomètre: elles peuvent
conduire à mieux connaître le terrain qui
convient à telle ou telle espèce de plantes,
parce que toutes ne demandent pas la
même intensité ni la même continuité de
chaleur.

La différence de chaleur que prennent les

terres à la même température est connue de
la plupart des agriculteurs, et quelques-uns
en tirent un parti avantageux. Sur les plateaux
qu'on cultive aux flancs des Alpes, on jette
de la terre noire sur les couches de neige pour
en hâter la fonte, et pouvoir cultiver à temps
le sol qu'elles recouvrent. On emploie des
moyens semblables pour presser la végétation dans les serres et les orangeries; les murs
noircis, de la suie répandue sur un sol, con-
centrent et fixent la chaleur à tel point, qu'au
mois de juillet, sur le Cramont, élevé de mille
quatre cent deux toises, où la température
était de cinq degrés, M. de Saussure ayant placé
une boîte doublée de liége noirci, dont l'ouverture était fermée par trois glaces placées à
quelque distance l'une de l'autre, vit le thermomètre contenu dans la boîte monter à trente
degrés depuis deux heures jusqu'à trois.

Indépendamment de la chaleur naturelle
que l'atmosphère communique au sol, et des
modifications qu'elle y reçoit par la nature
et la couleur des principes constituans, l'art
peut encore l'élever ou l'abaisser à son gré :
les fumiers développent plus ou moins de

chaleur selon leur nature et leur état de fermentation ; ceux qui n'ont pas été décomposés
excitent plus de chaleur et la maintiennent
plus long-temps que les autres ; les fumiers
de mouton et de cheval sont plus *chauds* dans
leur action que ceux de vache; les engrais
noirs ou bruns échauffent plus le sol que les
marnes et la craie.

ARTICLE VI.

*Des propriétés des mélanges terreux, et moyen de les
disposer à une bonne culture.*

Je crois avoir déjà fait connaître avec assez
d'étendue l'origine des sols, leur variété, leur
composition et leur influence dans la végétation, soit en vertu de leurs principes constituans, soit en vertu de l'action que l'air et la
chaleur exercent sur eux, etc. : il me reste à
présent à parler de quelques circonstances qui
les modifient et que l'agriculteur doit connaître.

J'ai répété plusieurs fois dans ce chapitre et
dans celui où je parle des engrais, que les
résultats de la décomposition des substances

animales et végétales, concurremment avec les principes constituans de l'air et de l'eau, formaient les alimens des plantes ; j'ai fait observer que la plante étant immobile, il fallait que ces alimens vinssent la trouver, et qu'ils se présentassent à ses suçoirs dans un état à pouvoir être absorbés ; j'ai ajouté que la chaleur animait la plante et donnait à ses organes la faculté de décomposer ces substances, de les élaborer et de former tous les produits de la végétation.

Mais pour que ces alimens tournent tous au profit du végétal, il faut qu'ils ne lui soient fournis qu'en raison de ses besoins, et que, par conséquent, la décomposition que la plupart d'entre eux doivent subir ne soit ni trop lente ni trop prompte ; le sol paraît jouer le plus grand rôle pour produire ces modifications et servir de régulateur aux autres agens ; il forme un magasin où sont déposés presque tous les alimens, et il doit posséder toutes les conditions convenables pour les fournir à propos au végétal.

Les propriétés dont jouit chacune des terres qui constituent un sol, concourent, par leur réunion, à produire ces effets : la craie et la silice conservent peu l'eau, mais leur mélange avec l'alumine la rètient assez long-temps pour que la plante souffre moins souvent de la sécheresse : sans la présence de cette terre, la plante serait alternativement inondée et desséchée. L'argile seule ne permettrait point aux racines de s'étendre, ni à l'air de pénétrer jusqu'à elles; mais, mélangée avec la silice, le carbonate de chaux et le sable, elle forme un sol poreux qui jouit de ces propriétés; la craie préserve les matières animales et végétales d'une décomposition trop prompte; l'alumine et les huiles, en se combinant, forment un mélange savonneux qui peut passer dans le végétal, et lui fournir deux principes qui sont insolubles séparément dans l'eau.

La composition des sols peut varier selon les climats, sans que leur fertilité en souffre. L'eau des pluies varie tellement en quantité, que, dans la seule étendue de la France, il en tombe, selon les localités, depuis vingt jusqu'à trente pouces par an, et à Turin quarante-quatre, selon Giobert.

Il est des pays où l'atmosphère est presque

constamment nébuleuse, et l'air chargé d'eau, tandis que dans d'autres le soleil n'est pas obscurci une fois en six mois.

Il est clair que dans les pays ou l'atmosphère est ordinairement humide et dans ceux où les pluies sont abondantes, le sol peut être sans inconvénient plus calcaire qu'argileux, et que les meilleurs sols, dans les deux contrées, peuvent être de composition différente quant aux proportions des ingrédiens terreux.

Les sols doivent encore varier selon la nature des plantes qu'on veut y cultiver : les unes préfèrent les sols poreux, secs et arides; les autres ne se plaisent que dans les terres constamment humides; il en est qui exigent une chaleur forte, et d'autres enfin qui végètent au milieu des neiges. Ces goûts particuliers des plantes doivent être connus de l'agriculteur, qui doit choisir le terrain qui convient à chacune, ou amender ceux qu'il possède, de manière à les approprier à chaque espèce.

Pour que les plantes prospèrent dans un sol, il ne suffit pas toujours que la composition en soit convenable , il faut encore réunir d'autres conditions qui ne se rencontrent pas constamment : par exemple , les sols arables qui sont établis sur des roches jouissent d'une plus ou moins grande profondeur , et l'épaisseur de la couche influe non-seulement sur la végétation , mais elle détermine encore et limite l'espèce de végétaux qu'on peut y cultiver. La couche de terre doit avoir dix à douze pouces d'épaisseur pour les céréales , et beaucoup plus pour les luzernes et le sainfoin ; elle doit être bien plus profonde pour les arbres ; sans cela leurs racines tracent presqu'à la surface du sol , elles poussent des rejetons au dehors et épuisent le terrain à de grandes distances. On voit souvent croître des arbres sur des montagnes à peine recouvertes de terre végétale ; mais dans ce cas , ou bien le roc présente des crevasses ou fentes remplies de terre dans lesquelles les racines pénètrent, ou bien la roche est d'une composition tendre et poreuse qui permet aux racines de s'y établir. C'est ainsi que dans les Cévennes et le Limousin les plus beaux châtaigniers sont plantés dans le granit ou dans le grès, et que les fameuses vignes de l'Ermitage prospèrent dans un sol granitique décomposé à la surface.

La nature du fond sur lequel reposent les couches de terre végétale n'est pas indifférente à la végétation : si ces couches sont assises sur des lits de sable, le sol se dessèche plus vite que lorsqu'elles sont placées sur la marne ou l'argile.

Une couche d'argile sous un sol sablonneux contribue à sa fertilité, en retenant l'eau qui filtre aisément au travers, et en conservant par ce moyen une humidité constante; mais si la couche d'eau formée sur l'argile mouille trop long-temps les racines, la plante languit. J'ai constamment observé que l'eau vive et courante peut impunément mouiller les racines des plantes, mais que l'eau stagnante est nuisible et meurtrière pour la plupart : c'est sans doute la raison qui détermine les agriculteurs éclairés par l'expérience à pratiquer des écoulemens à leurs champs et à leurs prés. C'est encore pour cela que, dans les terrains trop humides, on forme des couches de cailloux ou de pierrailles, sur lesquelles on porte de la terre végétale; j'ai vu que, par ce moyen, on formait d'excellentes prairies là où on n'avait jusqu'alors récolté que des joncs.

Un sol argileux ou marneux qui repose sur un lit de pierre calcaire et poreuse, est plus fertile que lorsqu'il est assis sur de la roche dure, imperméable à l'eau ; la raison en est simple : dans le premier cas, l'eau filtre et s'échappe; dans le second, elle reste stagnante dans un sol pâteux qui n'a aucune des propriétés qu'exige la végétation.

L'exposition du sol apporte encore des variations infinies dans sa fertilité et dans la nature de ses produits : celui qui est au midi se dessèche sans doute plus vite que celui du nord; mais la végétation y est plus active et la qualité des produits très-supérieure.

La pente des terrains produit encore de grandes différences : un sol en pente perd l'eau plus promptement que celui qui est horizontal, et la végétation y est moins forte, mais les produits y sont de meilleure qualité. On ne peut pas assimiler les vins qui proviennent du même sol et de la même vigne, lorsque l'un est récolté sur la pente et l'autre au pied.

Les sols inclinés où la pente est rapide et la terre poreuse et légère, ont l'inconvénient de laisser entraîner les engrais lorsqu'il survient de fortes pluies; souvent même la terre éprouve le même sort, et la surface en est quelquefois sillonnée par des ravins qui mettent la roche à nu. On voit fréquemment arriver ce résultat dans les terres cultivées sur le flanc des montagnes, qui finissent par devenir complétement stériles. On peut conclure de ceci le danger des défrichemens sur le flanc incliné des montagnes; une récolte passagère condamne le sol à une longue stérilité.

Les sols composés des mêmes principes terreux et dans les mêmes proportions peuvent encore présenter des résultats très-différens, selon la nature et la quantité des sels qu'ils contiennent. J'ai fait connaître ceux qu'on trouve ordinairement dans les plantes; ils doivent être, par cela même, regardés comme les plus propres à la végétation; mais leur pro-

portion a des bornes , et s'ils sont trop abondans , ils sont nuisibles.

Les sels ne peuvent pas être regardés comme
de vrais alimens de la plante ; ils ne sont que des
auxiliaires de la nutrition, mais des auxiliaires
puissans ; les organes du végétal ont besoin
d'être excités, et les sels et la chaleur agissent
sur eux comme stimulans. Les sels sont pour
les plantes ce que les épiceries et le sel marin
sont pour l'estomac de l'homme.

Indépendamment de cette propriété, les
sels agissent chimiquement sur les alimens de
la plante ; ils se combinent avec eux, en rendent quelques-uns solubles dans l'eau, modèrent la décomposition de plusieurs ; ils
concourent à régulariser la nutrition et à la
faciliter.

Mais d'après les fonctions même que remplissent les sels dans la végétation, il est évident qu'ils ne doivent être fournis que dans
des proportions convenables : s'ils sont abondans et très-solubles, l'eau les charie en trop
grande quantité dans les organes du végétal,
qui en sont irrités et desséchés : ainsi le meilleur sol, par sa composition terreuse, peut

être frappé de stérilité, si les sels y sont trop abondans.

Des labours bien entendus concourent puissamment à la fertilité des sols ; mais pour qu'ils produisent de bons effets, il faut avoir égard à des circonstances, qu'on néglige trop souvent.

Les labours divisent et ameublissent le sol ; ils en mêlent exactement les principes constituans, font périr les mauvaises herbes et les disposent à se pourrir ; ils purgent la terre des insectes qui s'y sont multipliés.

Les labours doivent donc être plus nombreux et plus soignés dans les terres compactes que dans les terres légères et poreuses ; ils ne doivent être donnés aux sols argileux que lorsque la terre est sèche : si on les pratique sur un sol de cette nature, lorsque la terre est imbibée d'eau et forme une pâte molle, on ne fait que retourner le sol sans produire aucun des bons effets du labourage : on trace alors des sillons dans la boue. Les terres sablonneuses ou calcaires peuvent être labourées en tous temps.

Les labourages profonds sont très-avantageux dans les terres qui sont de la même nature à une grande profondeur : dans ce cas, non-seulement on ajoute aux bons effets qui appartiennent essentiellement à cette opération, mais on ramène à la surface des terres imprégnées des engrais que l'eau des pluies avait entraînés et soustraits à la nutrition des plantes.

Les labourages profonds sont encore utiles lorsque le sol, de nature argileuse et trop compacte, est établi sur des couches de sable ou de carbonate de chaux : en amenant à la surface ces matières naturellement sèches et absorbantes, pour les mêler intimement avec l'argile, on produit l'amendement le plus utile qu'on puisse employer pour fertiliser un terrain. On obtient également et pour la même raison un bon résultat d'un labourage profond, si le sol sablonneux ou calcaire repose sur des couches argileuses.

Mais les labours profonds ne conviennent pas dans toutes les circonstances et à tous les sols : par exemple, si un sol est assis sur une veine de terre chargée d'oxide noir de fer ou sur une couche de marne, le mélange qu'opère la charrue voue le champ à une stérilité presque absolue pendant deux ou trois années ; j'ai éprouvé moi-même ce résultat et je puis parler d'après mon expérience. Dans une de mes terres, voisine d'une forêt de chênes, le sol qu'on avait cultivé jusque-là était de nature argileuse et avait dix pouces de profondeur, sous laquelle gisait une couche de terre d'un brun très-foncé, épaisse de cinq à six pouces, et composée de silex, d'argile, et d'oxide de fer. Je fis défoncer ce terrain à la bêche et mêler intimement les deux couches : la première année, la récolte y a été presque nulle, et moindre qu'auparavant, quoiqu'elle n'y eût jamais été bien riche ; la seconde, elle a été un peu plus abondante, et ce n'a été qu'à la cinquième année que cette terre est devenue d'une fertilité ordinaire. Un de mes amis possédait une terre d'un assez médiocre produit ; le sol sablonneux et très-sec en était heureusement amendé par de la marne, qu'il laissait déliter et décomposer pendant deux ans, avant de l'employer.

Comme il en avait une couche dans plusieurs de ses champs, à un pied de profondeur, je lui conseillai de défoncer cinq à six toises carrées, pour essayer de mêler la marne avec le sol dans une proportion plus considérable ; la portion du champ ainsi amendée a été presque stérile pendant deux ans, mais la fertilité y a été ensuite plus prononcée qu'ailleurs.

Ces deux phénomènes m'ont beaucoup frappé, j'en ai cherché la raison et je crois pouvoir la déduire de la nature même des couches inférieures, au moment qu'on les a mêlées avec les supérieures.

Dans le premier cas, l'oxide de fer qui colorait la couche en brun foncé était au *minimum* d'oxidation ; mais du moment qu'on l'a mis en contact avec l'air atmosphérique, il s'est peu-à-peu combiné avec l'oxigène, et la terre n'est devenue fertile que lorsqu'il en a été saturé : la marche progressive de l'oxidation a changé totalement la couleur du sol ; elle est devenue d'un jaune assez vif et très-foncé, de noire qu'elle était. Voilà un fait qu'on peut différemment expliquer : cet oxide noir est-il, dans cet état, nuisible à la végétation?

Cet oxide qui décompose l'air en s'emparant de son oxigène, nuit-il par là à l'action salutaire et nécessaire de ce fluide sur les plantes? Ce sont là des questions qu'on ne peut résoudre que par une longue expérience.

Dans le second cas, la cause est différente, quoiqu'elle ait quelque rapport avec la première : la marne est en général un composé de sous-carbonate de chaux et d'alumine; les seules proportions de ces principes établissent ses variétés. L'acide carbonique ne sature jamais la chaux dans la marne qu'on extrait de la carrière; mais lorsqu'elle reste exposée à l'air, la chaux absorbe peu-à-peu l'acide carbonique qui existe dans l'air, elle s'en sature, se divise et effleurit. On peut faciliter et hâter la décomposition de la marne en la retournant pour présenter successivement à l'air toutes les parties de la chaux, et c'est ce qui se pratique généralement par-tout où l'on emploie la marne comme engrais.

On peut proposer, au sujet du carbonate de chaux imparfait, les mêmes questions que pour l'oxide de fer.

Lorsque M. Fellemberg a voulu établir ses

principes de culture dans sa terre d'Ofwill, il a défoncé son terrain à trois ou quatre pieds de profondeur, et il n'en a retiré des produits qu'au bout de deux à trois ans.

Ces faits et beaucoup d'autres que je pourrais citer, prouvent que, pour que les terres jouissent d'une grande vertu fertilisante, il faut qu'elles soient saturées de tous les principes qu'elles peuvent prendre dans l'air. Ainsi celles qui ont été constamment soustraites à son action par la profondeur de leurs couches, ont besoin d'être long-temps aérées avant de devenir fertiles: le peuple agriculteur connaît ce fait, et dit que, dans ce cas, l'air dépose ses *germes fécondans* sur la terre ; il ajoute que le sol n'est pas assez *fait*, assez *mûr*, assez *aéré*, etc.

Ces explications ne sont pas toutes exactes, mais elles suffisent pour diriger dans la pratique.

Ainsi, lorsque, par le défoncement du terrain ou par des labours profonds, on mêle à la couche végétale des terres qui ne sont pas saturées, on doit les remuer à la pioche ou à la charrue, à de longs intervalles, avant de les semer : en présentant successivement à

l'air et à l'eau toutes les parties, on les imprègne des principes qui leur manquent, et
on produit l'effet qu'une longue exposition à
l'air opère sur la marne ou sur les terres noires
et ferrugineuses, après qu'on les a tirées de
leurs mines.

ARTICLE VII.

De l'analyse des terres arables.

Quoique l'expérience et une longue observation suffisent à l'agriculteur pour qu'il par-
vienne à connaître la nature et le degré de
fertilité de chaque partie de son sol, il lui
convient, dans beaucoup de cas, d'en rechercher la composition, par des voies plus courtes
et plus directes.

Je n'indiquerai pas ici des procédés d'a-
nalyse d'une extrême rigueur et d'une exacti-
tude sévère et minutieuse, ils seraient au-
dessus de la portée de la plupart des agriculteurs, et la précision des résultats serait même
inutile pour le but que je me propose.

Je me bornerai donc à tracer la marche
qu'on doit suivre pour s'assurer de la nature et

des proportions des principales substances terreuses, salines, métalliques, végétales et animales qui entrent dans la composition d'un sol, et n'insisterai que sur celles qui concourent le plus puissamment à sa fertilité.

Pour procéder à l'analyse d'une terre on commence par en prendre une petite quantité, qu'on mêle exactement à la main avant de la peser.

La première opération consiste à dessécher cette terre pour connaître le poids de l'eau qu'elle contient : à cet effet, on la met dans un vase qui supporte le feu, et on élève la chaleur jusqu'à ce que toute l'eau soit évaporée; on entretient cette température pendant quatorze à vingt minutes. Pour ne pas donner plus de chaleur qu'il n'en faut, on se sert d'un morceau de bois qu'on tient au fond du vase, ou de brins de paille qu'on met dans la terre soumise à l'expérience; on arrête le feu dès qu'ils commencent à brunir.

On pèse la terre après l'opération : la perte qu'elle a éprouvée équivaut au poids de l'eau qui s'est évaporée.

Cette opération ne détermine pas rigoureusement la quantité d'eau qui est contenue dans la terre, parce qu'une partie est presque combinée et solidifiée par son affinité avec quelques-uns des principes, tels que l'alumine, les sels et plusieurs des substances animales et végétales; mais elle représente toute l'eau qui n'était qu'adhérente ou qui ne faisait que mouiller et humecter le sol.

En opérant sur de la terre séchée à une haute température de l'atmosphère, on juge aisément de la vertu plus ou moins attractive du sol pour l'eau qu'il absorbe; ce qui donne déjà quelques notions sur sa fertilité.

Dès qu'on a déterminé la quantité d'eau libre contenue dans le sol, on broie les parties de l'échantillon, qui ne sont qu'une aggrégation plus ou moins compacte de molécules ténues; et à l'aide d'un crible, on sépare le gravier et autres parties grossières qui entrent dans le mélange et qui restent sur le filtre; on pèse les deux produits, pour juger de leurs proportions.

Les parties grossières doivent être essayées séparément.

Si elles sont calcaires, les acides les dissolvent avec bouillonnement ou effervescence : pour s'en assurer, on met de bon vinaigre ou de l'acide muriatique étendu de trois ou quatre parties d'eau dans un verre, et on y jette quelques grains de ces substances : ils sont uniquement composés de carbonate de chaux lorsqu'ils se dissolvent en entier, sur-tout dans le cas où la liqueur conserve sa saveur aigre et acide : il faut donc ajouter l'acide avec excès dans toutes les expériences.

Si les parties grossières ne font pas effervescence avec les acides, elles sont purement composées de silice ou d'alumine; on distingue aisément la première de la seconde, parce que la silice est rude au toucher, qu'elle raie le verre et se précipite promptement dans l'eau, tandis que l'alumine est douce, onctueuse et se délaie dans l'eau, où elle reste quelque temps suspendue.

Ces parties grossières peuvent être composées de la réunion de terres calcaires, siliceuses et alumineuses; mais dans ce cas, les acides s'emparent toujours de la substance calcaire, et après avoir enlevé l'acide qui la tient en dissolution, on reconnaît, aux caractères de la portion insoluble qui reste au fond du verre, si c'est de la silice ou de l'alumine.

Si ces parties grossières n'étaient que du sable quartzeux ou de la silice pure, les acides et l'eau n'y produiraient aucun effet; mais on reconnaîtra facilement sa nature, d'après les caractères que nous avons dit appartenir à la silice et à l'alumine..

Il peut encore arriver que ces corps grossiers soient mêlés de débris d'animaux ou végétaux imparfaitement décomposés; mais on les reconnaît aisément aux caractères tranchans qui les distinguent des substances fossiles.

Il ne s'agit plus que de s'occuper de la partie ténue et pulvérulente qui a passé à travers le crible; elle contient les terres, les sels et les substances animales et végétales très-divisées.

Pour connaître la nature et les proportions de tous ces principes, on pèse ce mélange, et on le fait bouillir, pendant dix à quinze minutes, dans quatre fois son poids d'eau; on agite alors la masse, et on laisse reposer: il se forme bientôt un précipité ou dépôt, qui n'est composé que des matières les plus pesantes, et en général d'un sable fin et siliceux; on verse sur un filtre le liquide trouble qui surnage; les terres et quelques sels peu solubles restent sur le filtre, et l'eau chargée de tout ce qui est dissous, coule dans le vase destiné à la recevoir.

Voilà donc dans cette opération trois produits bien distincts : l'un, qui forme le dépôt qui s'est précipité au fond du vase où s'est faite l'ébullition ; c'est sur-tout le sable le plus menu, presque uniquement formé de silice; l'autre, qui est resté sur le filtre, et qui contient le mélange des terres et des sels insolubles; et le troisième, qui tient en dissolution tous les sels et les matières animales et végétales susceptibles d'être dissoutes par l'eau bouillante.

On sèche d'abord avec soin les deux premiers produits, et on en détermine le poids; on procède ensuite à l'examen de chacun, pour parvenir à connaître la nature et les proportions des substances qui les composent.

J'ai déjà fait observer que le dépôt ou le premier produit n'était composé que de silice : s'il en était autrement, on peut s'en assurer

par les acides , qui en sépareraient tout ce qui
serait calcaire, et on traiterait le résidu insoluble, par les moyens que j'ai déjà indiqués
pour séparer l'alumine de la silice.

Quant au second produit, qui est resté sur
le filtre, il suffit de l'acide muriatique délayé
par quatre parties d'eau, pour en faire l'analyse : cet acide, versé sur ce mélange terreux,
jusqu'à ce qu'il ne se fasse plus d'effervescence , dissout le carbonate de chaux et celui
de magnésie, qui peuvent exister en petite
quantité, de même que l'oxide de fer qui s'y
trouve souvent : on filtre la dissolution; la
matière qui n'a pas été dissoute reste sur le
filtre , on la lave avec l'eau jusqu'à ce que ce
liquide sorte insipide; on sèche le résidu et on
le pèse; il est généralement formé par l'alumine et par quelques matières végétales ou
animales.

Pour s'assurer si l'acide muriatique a dissous de l'oxide de fer, on y trempe un peu
d'écorce de chêne; lorsque la liqueur brunit
ou noircit, il y a du fer ; on en détermine
la quantité en y versant du prussiate de potasse , jusqu'à ce qu'il ne se fasse plus de pré-

cipité bleu; on laisse déposer; on recueille le dépôt et on le chauffe jusqu'au rouge : ce qui reste est de l'oxide de fer, qu'on pèse avec soin.

Lorsqu'on a dégagé le fer de la dissolution, il n'y reste plus que la chaux et peut-être un peu de magnésie : on les précipite par une dissolution de carbonate de soude, qu'on y verse, jusqu'à ce qu'il ne se fasse plus de précipité; on le lave après avoir décanté la liqueur, on le sèche, et son poids donne alors la quantité de carbonate de chaux qui existait dans le mélange terreux soumis à l'analyse.

Si le carbonate de chaux et les autres dépôts qu'on a obtenus sont colorés ou bruns, il est à présumer qu'ils sont mêlés avec des matières animales ou végétales, dont on peut déterminer la qualité et les proportions, en les jetant sur un fer rougi, et les tenant sur le feu à cette température jusqu'à ce que la couleur soit devenue blanche; il se dégage une fumée qui a l'odeur du cuir, du poil ou de la plume qu'on brûle, si la matière colorante est animale; l'odeur est au contraire celle que donne la fumée du bois, si la matière est végétale. Souvent ces deux substances sont mêlées ensemble; mais les moyens pour en connaître les proportions sont difficiles à exécuter et au-dessus de la portée d'un agriculteur : j'ai cru devoir me borner à indiquer un procédé qui suffise pour en constater la présence.

La méthode que je viens de décrire est facile et à la portée de l'agriculteur le moins instruit; elle n'est pas rigoureuse, mais elle suffit pour donner des résultats approximatifs, et faire connaître la nature et les proportions des substances terreuses qui entrent dans la composition d'un sol. Plus de précision dans l'analyse entraînerait l'emploi de plusieurs agens inconnus à l'agriculteur, et supposerait une habitude d'analyse et des connaissances qu'il n'a pas.

Mais comme les sels jouent un grand rôle dans la végétation, et que les sols en sont plus ou moins imprégnés, je ne crois pas pouvoir me dispenser d'indiquer les moyens de les reconnaître, et, pour y parvenir, je me vois forcé de recourir à des procédés particuliers.

En faisant bouillir de l'eau sur la terre ténue, nous nous sommes emparés de tous les sels solubles qu'elle contient, et l'évaporation de ce liquide qui les tient en dissolution nous fait connaître leur nature et leur proportion. Si l'opération est bien conduite, on les obtient en cristaux, et on les distingue par les propriétés qui les caractérisent : le nitre a une saveur piquante et brûle sur les charbons ardens; le sel marin décrépite et se divise en éclats sur le feu; le sulfate de soude se boursouffle par la chaleur, donne une fumée aqueuse, et laisse un résidu sec et blanc. Mais lorsque ces sels sont insolubles comme le phosphate de chaux, ou peu solubles comme le sulfate de chaux (plâtre), l'eau ne peut pas les attaquer, et ils restent confondus dans les terres sans qu'on soupçonne leur existence, toutes les fois qu'on se borne au procédé analytique que nous avons employé. Cependant ces sels, sur-tout le plâtre, influent beaucoup sur la qualité des sols, et il faut fournir les moyens de s'assurer de leur présence : j'observerai néanmoins que ces sels sont généralement contenus en très-petite quantité dans les sols, et que leur existence ne change pas sensiblement les résultats de l'analyse que j'ai prescrite pour reconnaître la nature et les proportions des autres principes qui forment essentiellement leur composition.

Pour s'assurer si un sol contient du sulfate de chaux (gypse, plâtre), on prend un poids déterminé de terre, quatre cents grains, par exemple; on la mêle avec un tiers de charbon réduit en poudre, et on l'expose dans un creuset, pendant une demi-heure, à une chaleur rouge. On fait ensuite bouillir le mélange pendant un quart d'heure dans une demi-pinte d'eau ; on filtre la liqueur, et on l'expose pendant quelques jours dans un vase ouvert. S'il se forme un précipité blanc, le sol contient du sulfate de chaux, et le poids du précipité en fait connaître à-peu-près la proportion. (Davy.)

Pour juger de l'existence du phosphate de chaux, on fait digérer la terre dans un excès d'acide muriatique, on évapore la dissolution jusqu'à siccité, et on lave le résidu à grande eau ; le phosphate insoluble reste à nu.

CHAPITRE III.

DE LA NATURE ET DE L'ACTION DES ENGRAIS.

On appelle *engrais* toutes les substances qui, confiées au sol ou existant dans l'atmosphère, peuvent être portées dans les organes du végétal, et servir à la nutrition et à la végétation.

Les engrais sont fournis par les corps des trois règnes de la nature. Ce sont les débris des végétaux décomposés et quelques parties des animaux qu'on emploie communément comme engrais.

Les sels qui servent également d'engrais sont filtrés dans le tissu du végétal, y passent en nature et excitent la végétation.

En comprenant sous le nom générique d'*engrais* toutes ces substances, on donne trop d'extension à ce mot. Je distinguerai les

engrais en deux classes et, pour m'écarter le
moins possible du langage reçu, j'appellerai
engrais nutritifs ceux qui fournissent des sucs
ou des alimens quelconques à la plante, et
engrais stimulans tous ceux qui ne font qu'exciter les organes de la digestion : ces derniers
sont, à proprement parler, des assaisonne-
mens, des épiceries plutôt que des alimens.

ARTICLE PREMIER.

Des engrais nutritifs.

Les engrais nutritifs sont ceux qui contiennent des sucs ou des substances, que les
eaux peuvent dissoudre ou entraîner dans un
état de division extrême; tous les sucs végétaux ou animaux sont de ce genre.

Mais on emploie rarement ces alimens de
la plante dans leur état naturel; on préfère,
avant d'en faire usage, de les laisser pourrir
ou fermenter : la raison en est simple; outre
que cette opération décompose toutes ces
substances et les rend plus solubles dans l'eau,
elle a encore l'avantage de donner naissance
à la production de plusieurs gaz, tels qu'acide

carbonique, gaz hydrogène carburé, azote et ammoniaque, qui deviennent des alimens de la plante ou des stimulans pour les organes de la digestion.

Il ne faut pas cependant laisser trop long-temps se prolonger cette décomposition ; car, si elle était complète, il ne resterait que les sels fixes mêlés de quelques terres et sucs qui auraient résisté ; d'ailleurs, l'effet de ces engrais complétement décomposés serait presque momentané et pour une seule récolte , tandis que lorsqu'on les emploie avant qu'ils soient parvenus à cet état, leur effet se prolonge pendant plusieurs années : dans ce dernier cas, la décomposition, ralentie par la division des engrais en petites masses, se continue peu-à-peu dans la terre, et elle fournit des alimens au végétal selon ses besoins et pour long-temps.

Les excrémens des animaux qui proviennent tous de la digestion de leur nourriture, ont déjà subi une décomposition qui a désorganisé les principes de leurs alimens, et a plus ou moins changé leur nature : la force des organes digestifs, qui varie dans chaque espèce

de ces animaux ; la différence de leur nourriture et le mélange des sucs digestifs fournis
par leur estomac, apportent des modifications
considérables dans ces engrais.

On emploie, sans mélange et sans leur faire
subir une nouvelle fermentation, les excrémens de quelques-uns de ces animaux, tels
que ceux des pigeons, des volailles, etc., parce
qu'ils contiennent beaucoup de sels et peu
de sucs. Souvent même on fume les champs
avec le crotin pur et l'urine des bêtes à laine,
qu'on ramasse dans les bergeries, ou que ces
animaux répandent eux-mêmes sur le sol,
comme dans les parcages.

Mais en général on fait éprouver à la
fiente des chevaux et à celle de tous les animaux à cornes une fermentation, avant de
s'en servir comme engrais.

La pratique la plus généralement adoptée
pour opérer cette seconde élaboration dans
le fumier des quadrupèdes, consiste d'abord
à former sur le sol des bergeries et des écuries une couche de paille ou de feuilles sèches. Cette couche se charge des excrémens
solides des animaux, et s'imprègne de leur

urine; au bout de quinze jours ou d'un mois, on porte cette couche dans un lieu propre à la faire fermenter, et on en forme une nouvelle; on a soin, tous les jours, de répandre sur la litière le résidu des rateliers. Ces couches ont encore l'avantage d'assainir les étables et de maintenir la propreté parmi les animaux. Lorsque la couche est peu épaisse, ou qu'on ne peut pas la renouveler assez souvent, parce qu'on manque de paille, on forme, sur le sol, un lit de plâtras ou de gravois bien battus, bien broyés, et on le recouvre d'un peu de paille; ces terres s'imbibent des urines, et lorsqu'elles en sont pénétrées, on les porte dans les champs pour les enfouir. La nature des terres dont on forme les couches dans les bergeries et les écuries, doit varier selon l'espèce de terrain qui doit les recevoir, parce qu'elles lui servent à-la-fois d'engrais et d'amendement. C'est pour les terres argileuses et compactes qu'il faut réserver les couches qu'on a formées avec les gravois et les débris des vieux mortiers calcaires, tandis que celles qui contiennent de la marne grasse ou des limons argileux conviennent aux sols secs et légers.

Dans quelques pays de bonne culture, les étables sont pavées et toutes les urines se rendent, par une pente douce, dans des réservoirs, où on les fait fermenter avec des matières animales ou végétales, pour en arroser les champs au moment où la végétation se développe.

L'art de faire pourrir les fumiers de litière est encore bien incomplet dans une partie de la France : ici, on les laisse se putréfier jusqu'à ce que la paille soit complétement décomposée ; là, on les porte dans les champs à mesure qu'on les tire des étables : ces deux méthodes sont également vicieuses.

Par la première, on laisse dissiper en pure perte presque tous les gaz et décomposer les sucs nutritifs ; par la seconde, la fermentation, qui ne peut s'opérer que sur une grande masse, ne peut plus avoir lieu que très-imparfaitement dans les champs, et les eaux n'entraînent dans la plante que ce qu'elles peuvent enlever par un simple lavage.

L'art de préparer les fumiers est peut-être, en agriculture, l'opération la plus utile et celle qui demande le plus de soins ; il exige l'application de quelques connaissances chimiques que nous nous bornerons à énoncer : car il suffit d'indiquer à l'agriculteur les préceptes d'après lesquels il doit se conduire, sans prétendre exiger de lui une étude trop profonde des sciences accessoires.

1°. Les substances solides, végétales, animales ou minérales ne passent dans le végétal qu'autant qu'elles sont préalablement dissoutes dans l'eau, ou entraînées par ce liquide dans un état de division extrême.

2°. Les substances végétales et animales, qui, par leur nature, sont insolubles dans l'eau, peuvent former, dans leur décomposition, de nouveaux composés solubles, qui deviennent des alimens pour la plante.

3°. Les substances animales et végétales, dépouillées par l'eau de toutes leurs parties solubles, peuvent former de nouveaux composés, solubles par les progrès de leur décomposition : j'en ai fourni la preuve en parlant du terreau.

Ce qui rend difficile l'art d'employer les fumiers de la manière la plus avantageuse, c'est

8.

que, quelque méthode qu'on adopte, on occasionne la perte d'une portion de l'engrais.
En effet, lorsqu'on transporte de suite le fumier de litière sur les champs, et qu'on l'enterre presqu'à l'instant, on met sans doute à
profit, pour la plante, tous les sels et les sucs
solubles qui y sont contenus; mais la fibre,
la graisse, les huiles, etc., restent intacts dans
la terre, et leur décomposition ultérieure devient très-lente et imparfaite. Si, au contraire,
on amoncèle le fumier dans un coin de la basse-
cour de la ferme, il ne tarde pas à s'échauffer;
il se dégage alors en pure perte et en abondance
de l'acide carbonique, et successivement de
l'hydrogène carburé, de l'ammoniaque, de l'a-
zote, etc. Un liquide brun dont la couleur se
fonce en noir de plus en plus, humecte la
masse et coule en dehors sur le sol: tout se
désorganise peu-à-peu; et lorsque la fermentation est complète, il ne reste plus qu'un résidu, composé de matières terreuses et salines
mêlées d'un peu de fibre noire et de charbon
en poudre.

Dans les campagnes, on ne laisse jamais
arriver la fermentation à ce degré de décom-

position; mais telle qu'on la pratique, on n'en perd pas moins une grande partie de l'engrais.

L'usage le plus généralement suivi est de déposer dans un coin le fumier de litière à mesure qu'on l'extrait des écuries ou des bergeries : on augmente la masse toutes les fois qu'on en fait une nouvelle extraction, et on la laisse fermenter jusqu'à ce que l'époque des semailles, en automne et au printemps, en exige le transport sur les champs.

Cette méthode présente plusieurs inconvéniens : le premier, de former successivement plusieurs couches, qui ne peuvent pas éprouver chacune le même degré de fermentation, puisque l'une la subit pendant six mois et l'autre pendant quinze jours ; le second, de laisser le fumier exposé à la pluie, et de le laver, en pure perte, de tous les sels et de tous les sucs solubles qu'il contient ; le troisième, de décomposer complétement l'extractif, le mucilage, l'albumine, la gélatine, dans les couches inférieures et au centre de la masse ; le quatrième enfin, de laisser échapper dans l'air les gaz qui nourriraient la plante s'ils se développaient près de la racine : car M. Davy

a observé qu'en dirigeant ces émanations sous
lés racines d'un gazon de jardin, la végétation
y a été très-supérieure à ce qu'elle était dans
le voisinage.

Mais convient-il de laisser fermenter les
fumiers; ou doit-on les employer à mesure
qu'ils se forment? Cette question nous ramène à jeter un coup d'œil sur la nature des
fumiers, ce n'est qu'après avoir établi leur
différence qu'on pourra la résoudre.

Les principales parties des végétaux qu'on
emploie comme engrais, contiennent du mucilage, de la gélatine, des huiles, du sucre,
de l'amidon, de l'extractif, souvent de l'albumine, des acides, des sels, etc., avec abondance d'une matière fibreuse insoluble dans
l'eau.

Les différentes substances que présentent
les animaux, y compris leurs excrémens et
toutes leurs excrétions, sont la gélatine, la
fibrine, le mucus, la graisse, l'albumine, l'urée,
les acides urique et phosphorique et des sels.

Parmi ces subtances, qui constituent l'animal et le végétal, le plus grand nombre est
soluble dans l'eau, et il est évident que, dans

cet état, on peut les employer comme engrais sans fermentation préalable; mais lorsqu'elles contiennent beaucoup de matière insoluble à l'eau, il convient de les décomposer par la fermentation, parce qu'alors elles changent de nature et forment de nouveaux composés, qui sont solubles et peuvent passer dans la plante.

MM. Gay-Lussac et Thénard ont retiré, par l'analyse de la fibre ligneuse, de l'oxigène, de l'hydrogène et beaucoup plus de carbone que n'en contiennent les autres principes des végétaux, et ils en ont déterminé les proportions. Nous savons que la fermentation enlève beaucoup de carbone : il est donc évident qu'en faisant fermenter la fibre végétale, on diminuera peu-à-peu le principe qui lui donne son principal caractère, et qu'on l'a mènera à ne plus former qu'un corps soluble dans l'eau. C'est de cette manière qu'on convertit en engrais les végétaux ligneux et les feuilles les plus sèches.

Comme toutes les parties solides du végétal contiennent de la fibre, qui ne peut être rendue soluble à l'eau que par une longue fermentation, et que c'est dans la fibre sur-tout que réside le carbone, si nécessaire à la végétation, on ne peut pas se dispenser de faire fermenter les végétaux, pour en tirer le meilleur parti comme engrais.

On objectera peut-être l'usage consacré d'enterrer quelques récoltes en vert pour engraisser les champs; mais j'observerai que, dans ce cas, on les enterre au moment de la floraison, et qu'alors la plante est charnue, la fibre molle et peu formée, et que la chaleur et l'action de l'eau dans la terre suffisent pour la décomposer: cet effet n'aurait pas lieu si la tige était sèche et épuisée par la formation de la graine.

On pourrait enterrer sans inconvénient le fumier pur des quadrupèdes, au moment où on le sort des étables; je crois même qu'il y aurait alors de l'avantage; mais lorsqu'il est mêlé avec la litière, il me paraît plus avantageux de lui faire subir une légère fermentation, afin de mieux disposer les pailles ou les feuilles à devenir engrais.

Pour faire fermenter les fumiers de litière, il faut user de certaines précautions, qui évitent les inconvéniens attachés à la méthode généralement usitée.

Au lieu d'entasser en grande masse les fumiers de litière, et de les laisser pourrir à découvert et exposés à l'intempérie des saisons, il convient de les placer dans un lieu abrité par un hangar, ou de les garantir de la pluie, par un simple appentis de paille ou de bruyère. On doit former des couches séparées avec chaque vidange des écuries, étables ou bergeries. Les couches doivent avoir un pied et demi à deux pieds de hauteur, et lorsque la chaleur qui se produit s'élève dans le centre à plus de vingt-huit degrés, ou que la couche commence à fumer, il faut la retourner pour modérer sa décomposition.

On doit arrêter la fermentation dès que la paille a commencé à brunir, et que son tissu a perdu de sa consistance : à cet effet, ou l'on démonte la couche pour en augmenter l'étendue et modérer la fermentation, ou on la transporte aux champs pour l'enfouir de suite, ou bien on la mélange avec du terreau, des plâtras, du gazon, des balayures, etc.

Lorsque les fumiers ont très-peu de consistance, tels que ceux des grosses bêtes à cornes pendant le printemps et l'automne, on doit les employer de suite, ainsi que je l'ai déjà annoncé ; mais s'il est impossible de les porter aux champs dans le moment pour les y enterrer, il convient de les mêler avec des terres ou autres matériaux secs et poreux, qui conviennent, comme amendemens, aux champs auxquels on les destine.

Dans presque toutes nos fermes, on expose en plein air et sans abri les fumiers des quadrupèdes, à mesure qu'on les retire des écuries ; l'eau de pluie qui les lave entraîne avec elle les sels, les urines et tous les sucs solubles, et forme, au pied de la couche, des ruisseaux d'un suc noirâtre, qui s'échappe en pure perte au dehors, et va se perdre dans les fossés.

A mesure que la fermentation avance, il se forme de nouvelles combinaisons solubles, qui sont entraînées à leur tour, de sorte que tous les principes nutritifs et stimulans du fumier disparaissent peu-à-peu, et il ne reste que quelques faibles débris d'engrais mêlés de brins de paille qui n'ont plus de saveur.

Pour remédier, autant qu'il est possible, à un abus aussi funeste à l'agriculture, il faudrait au moins creuser une fosse profonde, dans laquelle on recevrait tous les sucs qui s'écoulent du fumier, pour les porter, au printemps, sur les blés ou sur les prairies artificielles; on peut même les garder en réserve, pour en arroser les prairies artificielles après la première fauchaison.

Un grand tonneau fixé sur une petite charrette, et qu'on remplit à l'aide d'une pompe à bras, suffit pour cet usage; on adapte au robinet une caisse peu large, longue de quatre pieds et percée de trous dans son fond, pour répandre ce suc.

Cet arrosage produit des effets merveilleux la seconde année lorsqu'on l'a employé après la fauchaison.

Pour pouvoir prononcer sur la question de faire ou de ne pas faire fermenter les fumiers de litière, il faut encore avoir égard à la nature des terres qu'on veut engraisser : si les terres sont compactes, argileuses et *froides*, les fumiers longs non fermentés conviennent mieux; ils produisent alors deux grands effets : le premier, d'amender la terre, de l'ameublir et de la rendre plus perméable à l'air et à l'eau; le second, de l'échauffer par les progrès successifs de la décomposition et de la fermentation : si, au contraire, la terre est légère, poreuse, calcaire et chaude, les fumiers *courts* sont préférables, parce qu'ils s'échauffent moins, qu'ils se lient mieux avec le sol, et qu'au lieu d'ouvrir la terre, déjà trop poreuse, aux filtrations de l'eau, ils modèrent l'écoulement de ce liquide : une longue expérience a fait connaître ces vérités aux agronomes observateurs.

Lorsqu'il s'agit d'appliquer les fumiers à telle ou telle nature de terrain, on peut se conduire d'après l'observation acquise : les fumiers des bêtes à laine sont les plus chauds; viennent ensuite ceux du cheval; ceux des vaches et des bœufs sont les moins chauds de tous.

Les substances animales, molles ou fluides s'altèrent le plus facilement. Les progrès de la décomposition sont d'autant plus rapides, qu'elles contiennent moins de sels terreux. Leur putréfaction produit du gaz ammoniacal en abondance; ce résultat les distingue des matières végétales, dont la décomposition ne donne lieu à la formation de ce gaz, qu'autant qu'elles contiennent un peu d'albumine.

C'est sur-tout au développement de ce gaz, qui se combine avec la gélatine pour passer dans la plante, que nous croyons pouvoir attribuer l'effet merveilleux que produisent sur la végétation quelques parties sèches des animaux, comme nous le verrons tout-à-l'heure.

Après les fumiers dont nous venons de parler, l'urine des bêtes à cornes et des chevaux forme l'engrais le plus abondant qu'on puisse se procurer pour l'agriculture, et ce n'est pas sans peine qu'on voit tous les jours le peu de soin qu'on met à la recueillir.

J'ai déjà fait observer que dans les pays où l'agriculture est la plus éclairée, on pave toutes les écuries, et on y pratique une pente légère, qui conduit toutes les urines dans un réservoir, où elles se réunissent; on y délaye des tourteaux de navette, de lin ou de colza, ou des excrémens humains, etc., etc. Au printemps, lorsque la végétation se développe, on porte ces matières fermentées dans les champs pour en arroser les récoltes.

Il y a peu de substances animales dont la composition varie autant que celle de l'urine; la nature des alimens, l'état de santé y produisent des différences notables : les animaux qui brouttent des plantes plus ou moins sèches ou aqueuses, rendent des urines plus ou moins abondantes et plus ou moins chargées; ceux qu'on nourrit avec des fourrages secs donnent moins d'urines que ceux qui se nourrissent d'herbe fraîche, mais elles sont plus salées que celles de ces derniers. L'urine qu'on rend immédiatement après la boisson, est moins animalisée que celle qui est séparée du sang par les organes urinaires.

Ce sont ces différentes positions de l'individu qui expliquent pourquoi il y a si peu d'accord dans les résultats des nombreuses analyses qui ont été faites de cette liqueur.

L'urine de vache a fourni à M. Brandt :

Eau... 65
Phosphate de chaux...................... 5
Muriate de potasse et d'ammoniaque..... 15
Sulfate de potasse......................... 6
Carbonate de potasse et d'ammoniaque.. 4
Urée... 5

MM. Fourcroy et Vauquelin ont extrait de celle de cheval :

Carbonate de chaux................... 11
Carbonate de potasse...............   9
Benzoate de soude................... 24
Muriate de potasse..................   9
Urée................................   7
Eau et mucilage.................... 940

L'analyse de l'urine humaine a fourni à M. Berzelius :

Eau............................. 933
Urée............................   30 1
Acide urique....................   1
Muriate d'ammoniaque , acide lactique
libre , lactate d'ammoniaque et matière
animale.........................   17 4

Le reste se compose de phosphates, sulfates et muriates.

On voit, d'après ces analyses, que les urines varient beaucoup entre elles, mais qu'elles contiennent toutes des sels qui peuvent pas-ser dans la plante avec l'eau qui les tient en dissolution, et y entraîner les parties animales, ainsi que l'urée, qui sont très-solubles et qui se décomposent aisément.

Parmi les principes contenus dans les urines, il y a quelques sels indécomposables par les organes digestifs du végétal, tels que les phosphates de chaux, les muriates et sulfates de potasse. Ceux-ci ne peuvent servir qu'à exciter, stimuler les organes ; mais on peut regarder l'urée, le mucilage, l'acide urique et autres matières animales comme éminemment nutritifs.

L'urine sortant de l'animal ne doit pas être employée comme engrais, elle agirait avec trop de force et pourrait dessécher les plantes ; il convient de la délayer par l'eau ou de la laisser fermenter.

L'urine est très-efficace pour humecter toutes les substances qu'on fait entrer dans la formation des composts (*) ; elle augmente la vertu fertilisante de chacune d'elles, et facilite la fermentation de celles qui ont besoin d'être décomposées pour servir à la nutrition.

On combine encore l'urine avec le plâtre,

(*) On appelle *compost* le mélange, par couches, de différentes sortes d'engrais, nous en parlerons par la suite.

la chaux, etc., et l'on en forme des engrais très-actifs, sur-tout dans les terres *froides*.

Les os sont devenus aujourd'hui, entre les mains de l'agriculteur, un puissant moyen de fertiliser les terres.

Ces parties animales sont principalement composées de phosphate de chaux et de gélatine.

En général, les os qu'on est le plus dans le cas d'employer, contiennent moitié de phosphate et moitié de gélatine; on retire des os de bœuf cinquante à cinquante-cinq pour cent de gélatine, de ceux de cheval trente-six à quarante, et de ceux de cochon quarante-huit à cinquante.

Les os contiennent d'autant plus de gélatine que l'animal est plus jeune, et que le tissu de l'os est moins compacte. Les os des pieds de l'élan, du cerf, du chevreuil, du lièvre, donnent, à l'analyse, quatre-vingt-cinq à quatre-vingt-dix pour cent de phosphate.

Pour employer les os comme engrais, il faut les broyer avec soin sous la meule, en former des tas, et laisser développer un commencement de fermentation. Du moment que l'odeur devient pénétrante, on démonte le tas, et on répand cette matière sur le terrain pour l'enfouir de suite ; on peut la jeter sur la semence et l'enterrer avec elle. Lorsqu'on sème graine à graine et par sillon, il est avantageux de placer dans le sillon les os broyés.

Dans quelques pays, on extrait des os broyés, par le moyen de l'eau bouillante, la graisse et une grande partie de la gélatine, avant de les vendre aux agriculteurs ; mais, par cette opération, on les prive d'une grande partie de leur vertu fertilisante.

J'ai observé avec soin ce qui se passe lorsque les os broyés sont en fermentation, et j'ai vu que les parcelles d'os se recouvraient à la surface d'une légère couche onctueuse, âcre et piquante, qui m'a paru formée par la combinaison de la gélatine avec l'ammoniaque, qui se développe par la décomposition de toutes les matières animales. Cette doctrine est appuyée par les observations de M. d'Arcet, à qui on doit un travail très-précieux sur la gélatine.

Il est possible que lorsqu'on emploie les os

broyés sans leur avoir fait subir un commencement d'altération, la gélatine se décompose peu-à-peu dans la terre, et produise à la longue le même résultat.

On peut concevoir encore que l'eau, agissant sur les os, dissolve peu-à-peu la gélatine et la transmette à la plante; mais, dans tous les cas, la vertu des os est très-puissante dans la végétation, soit qu'on la considère comme engrais purement nutritif, ou sous le double rapport de nutritif et de stimulant.

Lorsqu'on calcine les os dans des vaisseaux clos, il se produit de l'huile et du carbonate d'ammoniaque; la proportion du phosphate n'a pas sensiblement diminué, mais la gélatine est décomposée; il reste après l'opération soixante-dix à soixante-douze pour cent du poids des os employés. Ce résidu, broyé et pulvérisé avec soin, sert avec avantage dans les opérations qu'on exécute sur le sucre pour le raffiner : tout ce qu'on rejette de ces ateliers est imprégné de sang de bœuf et de charbon animal, et forme un des meilleurs engrais que j'aie employés pour les prairies artificielles, telles que trèfles et luzernes. On le répand à la main sur ces plantes, lorsque la végétation commence à se développer au printemps.

Quelques parties sèches des animaux, telles que les cornes, les ongles, se rapprochent beaucoup des os par la nature de leurs principes constituans, mais les proportions en varient prodigieusement; la gélatine y prédomine, et c'est la raison pour laquelle ces dernières substances sont plus précieuses, comme engrais, que les os : M. Merat-Guillot n'a retiré que vingt-sept pour cent de phosphate de chaux de la corne de cerf, et M. Hatchett n'a extrait, par l'analyse de cinq cents grains de corne de bœuf, qu'un cinquième de résidu terreux, dont un peu moins de la moitié était du phosphate de chaux.

Les rognures et les raclures de cornes forment un excellent engrais, dont l'effet se prolonge pendant une assez longue suite d'années ; ce qui provient de la difficulté qu'éprouve l'eau à les pénétrer, et du peu de tendance qu'elles ont à fermenter.

On peut tirer encore un parti très-avantageux des débris de la laine : il résulte des recherches ingénieuses de M. Hatchett, que les poils, les plumes et la laine sont une combinaison toute particulière de la gélatine avec une substance analogue à l'albumine : l'eau ne peut les dissoudre qu'à la longue et à l'aide d'une fermentation qui s'établit lentement et dure long-temps.

Un des phénomènes de végétation qui m'a le plus étonné dans ma vie, c'est la fertilité d'un champ des environs de Montpellier, qui appartenait à un fabricant de couvertures de laine : le propriétaire y apportait chaque année les balayures de ses ateliers, et les récoltes en blé et en fourrages que j'ai vu produire à cette terre étaient vraiment prodigieuses.

Tout le monde sait que les brins de laine transpirent une humeur qui durcit sur leur surface, et qui conserve néanmoins la propriété d'être très-soluble dans l'eau : elle a reçu le nom de *suint*. L'eau du lavage des laines chargée de cette substance forme un engrais précieux. J'ai vu, il y a trente ans, un marchand de laine de Montpellier qui avait établi son lavoir au milieu d'un champ dont il avait transformé une grande partie en jardin ; il n'employait pas d'autre eau pour arroser ses légumes que celle de ses lavages : tout le monde allait admirer la beauté de ses productions.

Les Génois ramassent avec soin dans le midi de la France tout ce qu'ils peuvent trouver de retailles et de débris de tissus de laine, pour les faire pourrir au pied de leurs oliviers.

D'après l'analyse de M. Vauquelin, le suint est composé d'un savon à base de potasse avec excès de matières huileuses; il contient encore de l'acétate de potasse, un peu de carbonate et de muriate de la même base, et une matière animale odorante.

La fiente des volatils est encore un engrais précieux; elle diffère de celle des quadrupèdes, en ce que les alimens sont mieux digérés, qu'elle est plus animalisée, plus riche en sels, et qu'elle contient des principes qu'on retrouve dans l'urine des quadrupèdes

La fiente des oiseaux d'eau, qui sont si nombreux dans les îles de la mer Pacifique, et dont les excrémens fournissent à un commerce considérable avec l'Amérique méridionale, qui en importe pour le Pérou cinquante bâtimens par an d'après le rapport de M. de Humboldt, contient, outre une grande quantité d'acide urique en partie saturé par l'ammoniaque et la potasse, des phosphates de chaux, d'ammoniaque et de potasse, ainsi qu'une matière grasse. M. Davy a trouvé de l'acide urique dans la fiente du cormoran.

La fiente du pigeon est recueillie avec soin dans nos climats, parce qu'on y reconnaît les bons effets de cet engrais : cent parties de cette fiente fraîche ont donné à M. Davy vingt-cinq de matière soluble dans l'eau, tandis que la même quantité de cette fiente putréfiée ne lui en a fourni que huit : d'où cet habile chimiste conclut avec raison qu'il faut l'employer avant qu'elle ne fermente.

Cette fiente est un engrais chaud qu'on peut répandre à la main avant d'enterrer la semence, ou, au printemps, sur les terres fortes, lorsque la végétation languit.

Les excrémens des volailles se rapprochent beaucoup de ceux des pigeons, sans avoir pourtant leur vertu au même degré; ils contiennent aussi de l'acide urique ; on les emploie aux mêmes usages.

Dans le midi de la France, où l'on élève beaucoup de vers à soie, on tire un parti étonnant de la larve qui est mise à nu par la filature du cocon; on la répand aux pieds des mûriers et autres arbres dont la végétation est languissante; cette petite quantité d'engrais les ranime d'une manière merveilleuse. J'ai distillé ces larves et n'ai trouvé jusqu'ici aucune matière animale qui m'ait fourni autant d'ammoniaque.

Les excrémens humains forment un excellent fumier : les fermiers le laissent perdre, parce qu'il est trop actif lorsqu'on l'emploie dans son état naturel, et qu'ils ne savent ni modérer son action, ni l'approprier, par ses degrés de fermentation, aux besoins des diverses espèces de végétaux.

Dans la Belgique, qui a été le berceau de l'agriculture éclairée, et où les bonnes méthodes de culture se sont perpétuées et s'améliorent tous les jours, on tire un parti étonnant des matières fécales; on les emploie, la première année de leur décomposition, à la culture des plantes à huile, du chanvre et du lin; et la seconde, à celle des céréales :

on les délaie dans l'eau, dans l'urine, et on s'en sert pour arroser les champs, au printemps, lorsque la végétation commence à se développer. On fait encore dessécher ces matières pour les répandre sur des champs de colza.

Les Flamands mettent un tel prix à cet engrais, que les villes afferment fort cher le privilége de disposer de la vidange de leurs latrines, et qu'il y a dans chacune d'elles des courtiers assermentés, par l'entremise desquels se font les achats. Ces courtiers connaissent le degré de fermentation qui convient à chaque espèce de végétal et aux différentes époques de la végétation.

On parviendra difficilement à porter chez nous cette industrie au degré de perfection où elle est parvenue en Belgique, parce que nos fermiers n'en sentent pas toute l'importance et qu'il leur répugne d'employer cet engrais ; mais ne pourraient-ils pas ramasser avec soin toutes ces matières, les mêler avec de la chaux, des plâtras, des gravois, pour en faire disparaître l'odeur et les porter ensuite dans les champs ?

Déjà, dans plusieurs de nos grandes villes,
on exploite les latrines pour en former de la
poudrette; ce produit pulvérulent est re-
cherché par nos agriculteurs, qui en recon-
naissent les bons effets : espérons que, plus
éclairés, ils emploieront la matière fécale elle-
même comme plus riche en principes nutritifs et aussi abondante en sels. Ils pourront
aisément en maîtriser et modérer l'action trop
vive par la fermentation, ou bien la mêler
avec les plâtras, la terre et autres excipiens,
pour en corriger l'odeur.

Comme les fumiers font la richesse des
champs, un bon agriculteur ne doit rien né-
gliger pour s'en procurer; ce doit être là le
premier de ses soins et sa sollicitude journa-
lière, car, sans fumier, il n'y a pas de récolte.

La rareté des fumiers, ou, ce qui est la
même chose, le mauvais état des récoltes,
provient, en grande partie, des préjugés, qui
subjuguent par-tout le paysan, et de l'habitude aveugle qui le dirige dans toutes ses
actions.

Dans nos campagnes, on ne connaît que les

pailles qui soient jugées propres à fournir des engrais; et, dans le fumier de litière, on les considère comme le principal engrais, tandis qu'elles n'y sont qu'un très-faible accessoire.

D'après les expériences de M. Davy, la paille d'orge ne contient que deux pour cent d'une substance soluble dans l'eau, et qui a un peu d'analogie avec le mucilage; celle du blé en fournit à peine un et un quart pour cent; le reste n'est que de la fibre, qui ne peut se décomposer qu'à la longue et dans des circonstances qui facilitent cette opération.

Je ne crois pas qu'il y ait dans le règne végétal un aliment aussi peu nutritif que la paille sèche des céréales : elle l'est aussi peu pour les animaux, dont elle ne fait guère que lester l'estomac, que pour les plantes, aux-quelles elle ne fournit qu'environ le centième de son poids en engrais soluble.

Les graminées, les feuilles des arbres, et tous les végétaux succulens qui croissent si abondamment dans les fossés, dans les terres vagues, sur les bords des chemins et des haies, coupés ou arrachés au moment de la floraison et faiblement fermentés, fournissent vingt à

vingt-cinq fois plus d'engrais que les pailles.
Ces végétaux, soigneusement ramassés, peuvent ouvrir à l'agriculteur une immense ressource.

L'agriculteur, qui couperait soigneusement ces plantes pour les convertir en fumier, y trouverait encore l'avantage de prévenir la dispersion de toutes leurs graines dans ses champs; ce qui les épuise et salit les récoltes.

Il en est de même des gazons qui couvrent les bordures des champs et des chemins : enlevés avec leurs racines et la terre qui les nourrit, on peut les faire pourrir en tas et en porter les résidus dans les champs, ou bien les écobuer pour répandre le produit de la combustion sur les terres.

Si les pailles ne servaient pas de litière aux animaux et ne contribuaient par là à leur santé et à leur propreté; si en même temps elles ne s'imprégnaient pas de leurs urines et de leurs excrémens, il serait plus avantageux de couper les épis et de laisser les tiges des céréales dans les champs, car elles ne servent que d'excipient aux véritables engrais.

On dit chaque jour que le fumier de litière, outre sa vertu nutritive, a encore l'avantage d'ameublir les terres fortes et de les rendre plus perméables à l'air et à l'eau. Je ne disconviens pas de cette vérité, j'avouerai même que cette propriété est due presque entièrement à la paille qui y est mêlée; mais cet effet serait le même si les pailles étaient enterrées sur place.

Outre la propriété qu'ont les fumiers de servir d'aliment à la plante, ils en possèdent d'autres qui ajoutent à leur vertu fertilisante.

Le fumier, tel qu'on l'emploie, n'est jamais assez décomposé pour qu'il ne continue pas à fermenter, et, dès ce moment, il entretient dans le sol un degré de chaleur humide qui favorise la végétation, et garantit le végétal du mal que lui occasionneraient les passages brusques qu'éprouve trop souvent la température atmosphérique.

Le fumier qui n'a pas le contact de l'air se dessèche difficilement, par rapport aux sucs visqueux qu'il contient: de sorte qu'il entretient l'humidité dans les racines des plantes, et maintient leur végétation dans les temps où, sans son secours, la sécheresse ferait périr le végétal.

Les fumiers contiennent plus ou moins de sels, que l'eau transmet au végétal pour exciter ses fonctions et ranimer ses organes.

Les fumiers mêlés avec la terre peuvent encore être considérés comme amendemens, et sous ce rapport ils doivent varier selon la nature des terrains. Les terres compactes ont besoin d'être ameublies et échauffées ; elles exigent donc des fumiers *longs* qui aient peu fermenté, sur-tout ceux qui sont riches en sels. Les terres calcaires et légères veulent des fumiers gras, qui se décomposent très-lentement, qui lient les parties désunies du sol, et puissent retenir long-temps l'eau, pour la fournir aux besoins de la plante dans les saisons de sécheresse.

C'est en partant de ces principes qu'on pourra parvenir à approprier les fumiers à chaque espèce de sol et à la nature de chaque végétal : déjà l'attention de l'agriculteur s'est dirigée sur ce point, en composant des mélanges d'engrais qu'on appelle *composts*. On les forme en établissant l'une sur l'autre des couches de diverses natures d'engrais, et en observant de corriger les vices de l'un par les qualités de l'autre, de manière à donner au mélange les propriétés convenables au terrain qu'on veut engraisser.

S'agit-il, par exemple, de former un compost pour une terre argileuse et compacte, on fait une première couche de plâtras, de gravois, ou de mortier de démolition ; on la recouvre de fumier de litière de mouton ou de cheval ; on compose la troisième avec les balayures des cours, des chemins et des granges, la marne maigre, sèche et calcaire, le limon que déposent les rivières, les matières fécales qu'on a ramassées dans la ferme, les débris de foin ou de paille, etc., et celle-ci est à son tour recouverte d'une couche du même fumier que la première. La fermentation s'établit d'abord dans les couches de fumier ; le jus qui en découle se mêle avec les matières qui composent les autres couches ; et lorsqu'on reconnaît, aux signes que j'ai déjà indiqués, que la décomposition est suffisamment avancée, on démonte les couches et

on les porte aux champs, après en avoir mêlé
toutes les substances qui les composent.

Destine-t-on un compost à fumer une terre
légère, poreuse et calcaire, il convient de le
former de matériaux qui soient de nature
toute différente. Ici, il faut faire prévaloir les
principes argileux, les substances compactes,
les fumiers froids, et pousser la fermentation
jusqu'à ce que les fumiers forment une pâte
liante et glutineuse. Les terres glaises à demi
cuites et broyées, les marnes grasses et argileuses, le limon des mares, doivent servir à
former les couches.

En opérant d'après ces principes, j'ai changé
la nature d'un sol ingrat que je possédais
dans les environs d'une de mes fabriques.
Ce sol était composé de terre calcaire et d'un
sable léger, j'y ai fait répandre, pendant plusieurs années, de la terre argileuse calcinée :
cette terre, dans laquelle on ne pouvait élever
que quelques arbres à fruits à noyau, est devenue très-propre pour les arbres à pepins,
et elle produit de beau froment, lorsque auparavant elle ne supportait que des récoltes
chétives d'avoine et de seigle.

ARTICLE II.

Des engrais stimulans.

Nous ne nous sommes occupés jusqu'ici que des engrais qui contiennent à-la-fois le principe alimentaire nécessaire à la végétation, et les sels ou stimulans qui en sont inséparables et qui passent en dissolution dans le végétal pour exciter l'action des organes : il me reste à parler de ces derniers d'une manière plus spéciale, attendu que leur manière d'agir et leur utilité dans l'économie végétale diffèrent essentiellement des premiers, et que d'ailleurs on les emploie souvent seuls pour activer la végétation.

Il résulte des expériences rigoureuses que M. de Saussure a faites sur les substances dont se nourrissent les végétaux, que les racines des plantes absorbent les sels et les extraits dissous dans l'eau

L'absorption des sels nuisibles est d'autant plus facile et abondante, que la plante est plus languissante, faible ou mutilée. Il suit de ce principe consacré par l'expérience, que l'ab-

sorption des sucs et des sels par la plante
n'est pas une faculté passive et purement
physique, mais qu'elle est déterminée par les
lois de la vitalité qui régissent les fonctions
du végétal en vie. Ce n'est que lorsque l'action de ces lois s'affaiblit par l'état de maladie
ou de langueur de la plante, que les agens
extérieurs agissent sur elle d'une manière
plus absolue. La plante ne pompe pas indifféremment et en même proportion toutes
les substances qui sont tenues en dissolution
dans l'eau, elle absorbe de préférence les moins
visqueuses.

On peut conclure de ce qui précède que
les plantes saines ne se comportent pas d'une
manière rigoureusement passive par rapport
à leurs alimens, mais qu'il y a de leur part
choix et goût jusqu'à un certain point : les
lois physiques y prédominent d'autant plus
au détriment de l'organisation vitale, que la
plante est plus languissante.

Toutes les substances molles ou fibreuses
du végétal sont évidemment le produit de
l'élaboration qui se fait dans ses organes, des
sucs et des gaz qui le nourrissent. Les ma-

tières salines qu'on y trouve sont, pour la plupart, sans altération, et telles que le sol les a fournies.

Quelle que soit la variété que nous présentent les produits végétaux, les élémens qui les composent sont peu nombreux; on n'y trouve que de l'oxigène, du carbone, de l'hydrogène et de l'azote, combinés dans des proportions différentes; quelques centièmes en plus ou en moins dans les proportions de ces principes constituans, établissent souvent une différence immense entre les produits. C'est ce qui fait que, la plus légère altération produite dans les organes donne lieu à la formation de nouveaux composés qui ne ressemblent plus aux premiers.

Personne n'a contesté jusqu'ici que les sucs, les huiles, les résines, la fibre et autres parties essentiellement végétales, ne fussent un résultat du travail des divers organes de la plante, et que les élémens de ces composés ne fussent ceux des corps dont la plante se nourrit et qu'elle combine d'une manière particulière et conforme à son organisation : il n'y a donc en tout cela aucune création, il y a simplement décomposition d'un côté, et, de l'autre, nouvelle combinaison des élémens dans d'autres proportions.

Plusieurs physiciens d'ailleurs très-estimables ont prétendu qu'il se formait, par l'acte même de la végétation, des sels et des terres; mais à mesure que la science a fait des progrès, on a pu voir qu'aucune des expériences qu'on cite à l'appui de cette doctrine n'était rigoureuse. Les uns ont arrosé des plantes avec de l'eau distillée, les autres les ont élevées dans du sable lavé; presque tous leur ont laissé le libre contact de l'atmosphère : plusieurs ont analysé, avec plus ou moins de soin, le sol sur lequel ils faisaient croître ces plantes; presque tous ont conclu que les sels et les terres qu'on trouvait dans le végétal, et dont on ne pouvait pas démontrer l'existence ou la même quantité dans les diverses substances qui avaient concouru à la végétation, étaient l'ouvrage de la plante; mais l'atmosphère, souvent agitée, ne déplace-t-elle pas constamment des sels et des terres qu'elle dépose sur les plantes? La poussière qu'elle emporte ne salit-elle pas les lieux les plus élevés? L'eau la mieux distillée, soumise à l'action de la pile galvanique, contient des atomes d'alcali et de terre, d'après les belles observations de M. Davy.

MM. Schrader et Braconot ont publié des résultats de leurs expériences, d'après lesquels ils ont été portés à croire qu'il y avait création de sels et de terres dans les organes du végétal ; mais M. Lassaigne a constaté que les plantes développées donnaient les mêmes sels et les mêmes terres que ceux que contenaient les graines dont elles provenaient.

M. Th. de Saussure, dont l'opinion est d'un grand poids sur ces matières, a prouvé que les plantes ne créaient aucune de ces matières.

D'ailleurs, si la formation de certains sels était un attribut de la plante, pourquoi le salsola ne donnerait-il plus de sel marin lorsqu'il est éloigné des bords de la mer ? Pourquoi, dans de semblables circonstances, le tamarisc ne fournirait-il plus de sulfate de soude ? Pourquoi enfin le tournesol resterait-il dépourvu de salpêtre sur un sol qui n'en contient point ?

Mais quoi qu'il en soit de cette doctrine,

deux vérités pratiques nous sont connues : la première, c'est que quelques sels entrent, pour ainsi dire, comme élémens naturels dans la composition de quelques plantes, puisqu'elles languissent dans les terres qui en sont dépourvues, et qu'elles les absorbent en abondance par-tout où elles les trouvent; la seconde, c'est que les sels doivent être inséparables des engrais, qui agissent d'autant mieux qu'ils en contiennent davantage, pourvu que leur proportion n'excède pas les besoins du végétal, et que leur action irritante ne soit pas trop forte.

Je pourrais ajouter que la plante absorbe de préférence le sel qui est le plus analogue à sa nature. Le salsola, qui croît à côté du tamarisc, pompe le sel marin, tandis que le tamarisc s'empare du sulfate de soude. De là vient que l'analyse des plantes qui ont été élevées sur le même terrain ne fournit point les mêmes sels, ou que du moins elle les présente avec une grande différence dans les quantités.

Les sels sont nécessaires au végétal; ils facilitent tellement l'action de ses organes, qu'on les emploie souvent sans mélange, et c'est dans cet état que je vais à présent les considérer.

La pierre à chaux, soumise à l'action du feu, perd l'acide carbonique, qui est un de ses principes constituans, et il en résulte une pierre blanchâtre, opaque et sonore, qui a une saveur âcre et brûlante, absorbe l'eau avec bruit et chaleur, et forme avec elle une pâte, qui est un véritable hydrate.

La bonne pierre à chaux peut perdre jusqu'à cinquante pour cent de son poids par la calcination; mais il est rare que la chaleur des fours des chaufourniers la réduise de plus de trente-cinq à quarante pour cent lorsque le carbonate est sec.

Dès que la chaux est exposée à l'air, elle en absorbe assez promptement l'humidité; elle se fendille et se divise peu-à-peu; elle pompe l'acide carbonique contenu dans l'atmosphère, et se réduit insensiblement en poudre impalpable.

De cette manière, la chaux reprend les principes qu'elle avait perdus par la calcination, et se reconstitue *pierre à chaux* ou *carbonate calcaire* sans en reprendre la dureté.

A mesure que la recomposition s'opère, la chaux perd les propriétés qu'elle avait acquises par l'action du feu; elle cesse d'être âcre, caustique et brûlante; sa solubilité dans l'eau diminue, et son affinité pour ce liquide devient presque nulle.

C'est sur-tout la chaux éteinte à l'air qu'on emploie en agriculture; la chaux vive détruirait les plantes, à moins qu'elle ne soit combinée avec des engrais qui en modèrent l'action, ou avec des corps qui puissent lui fournir de l'acide carbonique pour la saturer.

Nous devons à M. Davy des expériences qui jettent un grand jour sur la manière d'agir de la chaux dans la végétation : il a prouvé que les matières fibreuses végétales, épuisées de toutes les parties que l'eau peut en dissoudre, présentaient de nouveau des parties solubles après qu'on les avait laissées macérer avec la chaux pendant quelque temps.

Ainsi, toutes les fois qu'on veut approprier à la nourriture des plantes les bois secs et les racines ou tiges fibreuses des plantes, l'emploi de la chaux peut être très-efficace. La pierre à chaux broyée et la chaux complétement régénérée à l'état de carbonate ne produisent pas cet effet : il faut employer la chaux éteinte à l'eau, la délayer avec de nouvelle eau, et la mêler avec les matières fibreuses, pour les laisser réagir pendant quelque temps.

Dans les cas dont nous venons de parler, la chaux rend donc solubles et approprie à la nourriture de la plante des substances qui, dans leur état naturel, ne jouissent pas de ces propriétés : sous ce rapport, son emploi peut être fort utile.

Ainsi, lorsqu'on veut disposer des végétaux ligneux et fibreux à former des engrais, on peut se servir de la chaux avec avantage.

S'il s'agit d'employer comme engrais des substances soit végétales, soit animales, qui soient naturellement solubles dans l'eau, leur mélange avec la chaux forme de nouvelles combinaisons qui les dénaturent complétement, mais qui peuvent devenir, avec le temps, très-propres à la nutrition des plantes. Ceci exige quelques développemens.

La chaux forme des composés insolubles à l'eau avec presque toutes les substances animales ou végétales molles, qui peuvent se combiner avec elle; sous ce rapport, elle détruit ou diminue sensiblement la propriété fermentescible de la plupart; mais ces mêmes composés, exposés à l'action continue de l'air et de l'eau, s'altèrent néanmoins avec le temps; la chaux passe à l'état de carbonate; les matières animales ou végétales se décomposent peu-à-peu, et fournissent de nouveaux produits qui peuvent fournir des alimens à la plante : de sorte que la chaux présente dans ce cas deux grands avantages pour la nutrition, le premier, de disposer certains corps insolubles à former, par leur décomposition, des composés solubles dans l'eau; le second, de prolonger l'action et la vertu nutritive des substances animales et végétales molles au-delà du terme qu'elles auraient si on ne les faisait pas entrer en combinaison avec la chaux.

On trouve un exemple bien frappant des faits que je viens d'énoncer, dans quelques opérations qui se pratiquent dans les ateliers de l'industrie: lorsqu'on veut enlever à des sucs végétaux l'extractif et l'albumine qu'ils contiennent, on emploie un lait de chaux, qui se combine avec ces substances et les ramène à la surface du liquide sous la forme d'une écume épaisse, insoluble; cette écume, portée en cet état dans les champs, fait périr les plantes; mais lorsqu'on la dépose dans une fosse et qu'on la laisse fermenter pendant un an, elle forme alors un des engrais les plus puissans que je connaisse. J'ai constaté ce fait pendant douze ans dans ma fabrique de sucre, en employant de cette manière les écumes abondantes qu'on retire par la première opération qui s'exécute sur le suc de la betterave.

D'après la manière d'agir de la chaux, telle que je viens de l'exposer, nous pouvons tirer des conséquences sur ses usages et sur la manière de l'employer, lesquelles sont conformes à ce que l'expérience la plus éclairée a fait connaître jusqu'ici.

Il est reconnu que la chaux est principalement utile dans les jachères qu'on rompt, dans les prairies, soit naturelles soit artificielles, qu'on défriche, dans les terrains bourbeux qu'on met en culture. On sait que, dans tous ces cas, il existe dans la terre une quantité plus ou-moins considérable de racines, que leur mélange avec la chaux peut disposer à servir presque immédiatement d'engrais, par la solubilité qu'elle donne aux nouveaux produits qui se forment; mais on ne peut obtenir cet effet ni en répandant la chaux en même temps que la semence, ni en la jetant sur le sol sans l'y enterrer, ni en saupoudrant les plantes déjà développées; il faut la répandre sur la terre avant le premier labour, et ne l'employer qu'à mesure qu'on peut l'enterrer, pour qu'elle n'ait pas le temps de s'aérer et de s'affaiblir. Les labours subséquens la mêlent plus intimement, la mettent plus en contact avec les racines, et au bout de quelques mois, son action est presque terminée.

Indépendamment de cet effet, qui, selon moi, est le premier de tous, il paraît que la chaux exerce d'autres propriétés qui en font un agent bien précieux pour l'agriculture : on ne peut pas nier que la longue existence d'une prairie et l'infertilité d'un sol marécageux ou tourbeux n'aient développé et presque naturalisé dans ces terres des peuplades d'insectes, que des labours répétés et un changement successif de végétaux ne pourraient détruire qu'à la longue, tandis que le

mélange de la chaux avec la terre doit en opérer la destruction sur-le-champ. Il n'est pas
douteux encore que quelques plantes échap-
peraient à tous les remuemens de terre et
saliraient le sol et les récoltes, tandis que
par la chaux on les fait promptement périr.

Il suit donc évidemment de ce qui précède,
que la chaux ne peut produire ces effets
qu'autant qu'on l'emploie à l'état caustique ;
et pour cela on peut la préparer comme il suit :

On jette de l'eau surles pierres de chaux,
qui absorbent ce liquide avec avidité : il se
produit de la chaleur ; il s'exhale de la fumée ;
la pierre se fendille, etc. On humecte jusqu'à
ce que les pierres soient divisées en fragmens ;
peu-à-peu la masse entière est réduite en une
poudre sèche, impalpable, et c'est dans cet
état qu'il faut l'employer.

Pour préserver l'agriculteur des mauvais
effets que produit sur la poitrine cette poudre
volatilisée, on peut la mêler avec de la terre
humide et l'employer en cet état. A mesure
qu'on répand la chaux sur le sol, il faut l'enterrer à la charrue pour lui conserver toutes
ses propriétés.

L'usage d'employer la chaux éteinte à l'air et conséquemment ramenée à l'état d'un sous-carbonate, se propage en France d'année en année et produit de bons résultats. Elle agit sans doute alors d'une manière moins active ; mais son emploi exige beaucoup moins de précautions et ne présente aucun inconvénient.

Dès que la chaux est éteinte à l'air et réduite en poudre impalpable, on la mêle le plus souvent avec les fumiers, et elle produit les meilleurs effets : elle corrige l'acidité de quelques-uns d'entre eux, tels que ceux qui proviennent de la décomposition de quelques fruits, du marc de raisin, etc.; elle absorbe les sucs qui s'écoulent en pure perte ou qui se décomposeraient trop promptement ; elle fixe les gaz qui se perdraient dans l'atmosphère. Ce mélange répandu dans les champs excite la végétation, échauffe les terres froides, divise les sols compactes, maîtrise la fermentation des engrais, et fournit peu-à-peu à la plante, et selon ses besoins, les principes nutritifs dont il est imprégné.

La chaux, qui dans cet état n'a pas perdu complétement la propriété de se dissoudre dans l'eau, est entraînée dans la plante par ce liquide, et y produit les bons effets qui sont dus aux substances salines employées à petites doses.

La pierre à chaux saturée d'acide carbonique, quoique réduite en poudre, ne produit aucun des bons effets qui appartiennent à la chaux vive et à la chaux éteinte à l'air. On peut tout au plus l'employer comme amendement pour ameublir une terre compacte, faciliter l'écoulement des eaux et mieux disposer le sol aux labours, etc.

La pierre à chaux contient souvent de la magnésie, qui modifie singulièrement l'action de la chaux. M. Tennant a retiré jusqu'à vingt et vingt-deux pour cent de magnésie d'une pierre à chaux, dans laquelle la chaux n'était que dans la proportion de vingt-neuf à trente et un pour cent, en versant sur ce mélange des deux terres un peu moins d'acide nitrique étendu d'eau qu'il n'en faut pour la saturation : la liqueur reste trouble et de couleur blanchâtre.

J'ai constamment observé que lorsque les terres, de quelque nature qu'elles soient, contenaient de la magnésie, les eaux qui en recouvraient la surface étaient toujours blanchâtres, et que la moindre agitation par le vent leur ôtait toute transparence. C'est ce qu'on appelle des *eaux blanches,* lorsqu'elles forment des étangs ou des mares.

Les terres magnésiennes sont peu fertiles. Lorsqu'on emploie pour l'usage de l'agriculture de la chaux qui contient de la magnésie, alors ses effets ne sont plus les mêmes. Pour se rendre raison de cette différence d'action, il faut considérer que la magnésie a moins d'affinité avec l'acide carbonique que n'en a la chaux, que conséquemment lorsque ces deux terres sont mêlées ensemble, la magnésie conserve sa causticité jusqu'à ce que la chaux soit saturée d'acide carbonique et ramenée à l'état de pierre à chaux : d'où il suit que la magnésie peut conserver long-temps sa vertu caustique et exercer son action délétère sur les végétaux.

L'emploi du plâtre comme engrais des prairies artificielles est une des plus précieuses conquêtes qu'ait faites l'agriculture. L'usage en devient général en Europe. Il a même été introduit en Amérique, où Franklin le fit connaître à son retour de Paris : il voulut frapper de ses effets les yeux de tous les cultivateurs, et sur un champ de luzerne placé près d'une grande route aux environs de Wasington, ce célèbre physicien écrivit en gros caractères formés par la poussière de plâtre : *ceci a été plâtré*. La prodigieuse végétation qui se développa dans la partie plâtrée fit adopter de suite cette méthode. Des volumes sur les vertus du plâtre n'eussent pas produit une aussi prompte révolution : depuis ce moment, les Américains tirent une grande quantité de plâtre de Paris.

Il est néanmoins des contrées où l'on a fait l'essai du plâtre sans succès, ce qui paraît tenir à ce que le sol en contient naturellement, et que dès-lors l'addition d'une nouvelle quantité ne peut produire aucun changement sensible : l'analyse des terres sur lesquelles le plâtre ne produit que peu ou point d'effet, a prouvé jusqu'ici que ce sel y existait naturellement.

Le plâtre est un composé d'acide sulfurique et de chaux, contenant plus ou moins d'eau de cristallisation.

Une chaleur modérée le prive de son eau et le rend opaque, on peut alors le réduire en poudre et l'employer dans cet état. Quoique le plâtre cuit absorbe l'eau avec avidité et prenne de la consistance par ce mélange, on peut le garder plusieurs mois sans que ses propriétés s'altèrent sensiblement; il ne s'agit que de le conserver dans des tonneaux bien fermés.

On emploie également le plâtre cru broyé avec soin, il y a même des agriculteurs qui lui attribuent les mêmes effets qu'à celui qui est cuit. Je les ai essayés comparativement, et j'ai observé que le plâtre cuit avait produit sensiblement un peu plus d'effet la première année; mais pendant les trois années qui ont suivi, la différence m'a paru nulle.

On répand la poussière de plâtre à la main au moment où les feuilles des plantes commencent à couvrir le sol, et l'on profite assez généralement d'un temps légèrement pluvieux pour faire cette opération. On croit qu'il est avantageux que les feuilles soient un peu mouillées, pour que la surface en retienne une légère couche.

L'effet du plâtre se fait sentir pendant trois à quatre ans ; on peut en renouveler l'usage et ranimer la végétation après ce terme. La quantité qu'on en emploie est ordinairement de cent cinquante à cent soixante kilogrammes par demi-hectare.

On a beaucoup disserté jusqu'ici sur les effets du plâtre : les uns ont prétendu qu'on devait attribuer son action à la force avec laquelle il absorbe l'eau ; mais il solidifie ce liquide, et il ne le lâche ni à l'air par la chaleur atmosphérique, ni à aucun autre corps ambiant : cette doctrine ne paraît donc pas fondée. D'ailleurs si son action était celle dont nous parlons, son effet serait momentané et cesserait après les premières pluies, ce qui est contraire à l'expérience. En outre le plâtre cru n'a pas la propriété d'absorber l'eau ; cependant il produit à-peu-près le même effet que le plâtre cuit. La chaux prend l'eau avec plus d'activité que le plâtre et ne produit pas des effets aussi marqués.

D'autres ont pensé que le plâtre n'agissait qu'en favorisant la putréfaction des substances animales et la décomposition des engrais ; mais M. Davy a réfuté cette opinion par des expériences directes, qui ont mis hors de tout doute que le mélange du plâtre avec les engrais animaux ou végétaux n'en facilite point la décomposition.

D'autres enfin ont attribué l'effet du plâtre à sa vertu stimulante : ceux-ci rentrent pleinement dans l'opinion que je m'en suis formée ; mais il reste toujours à expliquer pourquoi ce sel, qui n'est pas aussi stimulant que beaucoup d'autres, produit néanmoins des effets supérieurs ; pourquoi son action se maintient pendant plusieurs années, tandis que celle des autres s'épuise en moins de temps ; pourquoi ce sel ne dessèche jamais les plantes, tandis que les autres les *brûlent* et les font périr lorsqu'on les emploie en grande quantité : ce sont là des problèmes qu'il nous reste à résoudre, et ce n'est pas dans la seule propriété *stimulante* qu'on en trouvera la solution (*).

(*) On peut voir, dans le rapport de M. Bosc sur l'emploi du plâtre, les observations adressées au Conseil royal d'agriculture par presque tous les correspondans de ce Conseil.

Jusqu'ici on a suffisamment constaté les bons effets du plâtre, et l'agriculture s'est enrichie d'une découverte fort importante : le fait suffit sans doute au cultivateur, et ce n'est pas le seul sur lequel la théorie ne peut rien ajouter à la pratique.

Je donnerai cependant quelques idées sur l'action du plâtre, et je les publie avec d'autant plus de confiance, qu'elles me paraissent déduites d'analogies qu'on ne peut pas révoquer en doute.

Il est prouvé que les sels à base de chaux et d'alcali sont les plus abondans dans les plantes. L'analyse nous a pareillement démontré que ces différens sels n'existaient pas dans les mêmes proportions, ni dans les plantes de diverses natures, ni dans les différentes parties du même végétal.

D'un autre côté, l'observation nous fait voir chaque jour que pour que les substances salines soient avantageuses au végétal, il ne faut pas qu'elles s'y présentent en proportion demesurée : ainsi, si l'on confie à la terre une trop grande quantité de sels facilement solubles dans l'eau, la plante en souffre et dépérit, et si on l'en prive totalement, elle languit : un peu de sel marin mêlé au fumier ou répandu sur le sol excite et anime les organes de la plante et facilite la végétation ; trop de sel produit sur elle un effet pernicieux.

Si à présent nous considérons que les sels ne peuvent agir sur la plante qu'autant qu'ils sont naturellement solubles dans l'eau qui les y transporte, on concevra que les sels qui sont peu solubles dans l'eau doïvent être les plus avantageux à la plante.

L'eau ne pouvant dissoudre à-la-fois qu'une faible quantité de ces engrais salins, les charie en tout temps dans la même proportion ; leur effet est égal et constant, et il se maintient jusqu'à ce que le sol en soit épuisé : leur action se prolonge d'autant plus long-temps que le sol en est plus abondamment pourvu, et la plante n'est jamais exposée à en recevoir plus qu'elle n'en a besoin.

La solubilité du plâtre dans l'eau paraît présenter ce tempérament si désirable : trois cents parties d'eau ne peuvent en dissoudre qu'une de ce sel ; son action est dès-lors constante et égale sans être nuisible ; les organes du végétal sont excités par ce sel sans en être irrités ou corrodés, tandis que lorsque les sels sont très-solubles, l'eau s'en sature et les charie en abondance dans le végétal, où ils produisent les plus grands dégâts.

La plupart des sels qu'on retrouve dans la plante ne lui servent point d'aliment ; ils ne lui sont utiles, en général, qu'en stimulant ses organes et en facilitant ses digestions : les animaux qui jouissent de la faculté locomotive se procurent aisément les sels, les stimulans, et tout ce qui est utile à leurs fonctions ; ils ne les prennent qu'à des doses et dans des proportions convenables ; mais la plante n'a pour intermédiaire que l'air et l'eau, et ce dernier liquide lui transmet sans discernement tout ce qu'il peut dissoudre dans la terre : d'où il suit que les meilleurs de tous les engrais salins sont ceux qu'elle ne peut dissoudre que peu-à-peu.

Ce principe est applicable à tous les engrais, quelle qu'en soit la nature.

Il y a néanmoins cette différence entre les engrais purement nutritifs et les engrais sa-

lins ou stimulans, c'est que si les premiers
surabondent, la plante s'en surcharge ; elle
en absorbe trop pour pouvoir les digérer
convenablement, elle prend une sorte d'obésité qui rend lâche, mou, spongieux le tissu
de ses organes, et ne leur permet point de
donner à leurs produits la consistance et les
qualités convenables. Lorsque les engrais stimulans sont répandus dans le sol en trop
grande quantité, et sur-tout s'ils sont trop
solubles dans l'eau, la plante les reçoit en
trop grande abondance, et ses organes sont
bientôt desséchés.

Le degré le plus convenable de solubilité
des engrais est celui qui régularise la nutrition, en ne fournissant que graduellement
aux besoins de la plante : c'est ce qui arrive
lorsque les engrais animaux et végétaux se
décomposent lentement pour être dissous
peu-à-peu par l'eau, et lorsque les engrais
salins sont peu solubles.

Celles des substances animales qui se décomposent le plus lentement, et qui, par leur
décomposition, donnent constamment naissance à des produits solubles, sont les meil-

leurs de tous les engrais ; les os , les cornes , les laines en sont une preuve : ces substances ont l'avantage de présenter à la plante un aliment avantageux, presque toujours combiné avec un stimulant tel que l'ammoniaque, dont la vertu trop irritante est constamment tempérée par sa combinaison avec l'acide carbonique ou avec les matières animales elles-mêmes.

Les cendres de tourbe et celles de charbon de terre produisent des effets merveilleux sur les prairies artificielles : les premières contiennent quelquefois du plâtre ; mais souvent on n'y trouve que de la silice , de l'alumine et de l'oxide de fer. J'ai retiré du sulfure de chaux par l'analyse des cendres du charbon de terre.

Les cendres de nos foyers domestiques provenant de la combustion du bois , présentent des résultats très-remarquables : lorsqu'elles n'ont pas été lessivées, elles sont beaucoup plus actives ; mais dépouillées par l'eau de presque tous les sels qu'elles contiennent et employées en cet état sous le nom de *charrée*, elles produisent encore de grands effets. C'est sur-tout dans les terres humides et sur les prairies que leur action est la plus puissante; non-seulement elles facilitent la végétation des bonnes plantes , mais leur emploi constant et suivi pendant quelques années détruit les mauvaises herbes. C'est ainsi qu'on parvient à extirper les joncs d'un pré dont le sol est constamment abreuvé d'eau , et qu'on les y remplace naturellement par le trèfle et autres plantes de bonne qualité.

Les cendres de bois réunissent le double avantage d'amender, de diviser, de sécher un terrain trop humide et trop glaiseux, et de provoquer la végétation par les sels qu'elles contiennent.

CHAPITRE IV.

DE LA GERMINATION.

L'oxigène, la chaleur et l'eau concourent presque seuls à l'acte de la germination.

L'eau pure dont on imbibe une graine en augmente le volume et facilite le développement du germe; mais le premier de ces deux phénomènes est un effet purement physique; il a lieu dans les semences mortes ainsi que dans les semences vivantes, comme M. de Saussure l'a prouvé. Il ne change ni le goût ni l'odeur de la semence; il dispose la graine morte à la putréfaction, tandis que la germination réelle et vitale développe de suite de nouvelles propriétés.

Il est des graines qui peuvent germer sous l'eau, mais c'est en raison de la quantité d'air contenu dans le liquide que s'opère alors la germination ; lorsque le liquide en contient peu , il faut en employer un plus grand volume pour produire cet effet. La germination n'a pas lieu dans de l'eau rigoureusement purgée d'air.

La graine qui germe absorbe l'oxigène et s'entoure d'une atmosphère d'acide carbonique : ce résultat n'est produit que lorsque la graine est en contact avec l'air atmosphérique ou avec de l'eau bien aérée; si la graine reste à l'abri du contact de l'air et de l'eau , elle se putréfie lorsqu'elle est fraîche et succulente ; elle n'éprouve pas de décomposition si elle est sèche , et elle conserve sa vertu germinative jusqu'au moment où , ramenée en contact avec l'air et l'eau , elle puisse se développer.

La germination est d'autant plus active, que l'air contient plus d'oxigène ; les grosses graines absorbent plus d'oxigène que les petites.

La graine qui germe n'exhale que de l'acide carbonique, et le volume du gaz oxigène consumé est constamment égal au volume du gaz acide carbonique qui est produit. Tout cela résulte des belles expériences de M. de Saussure.

Il paraît donc que, dans la germination, le seul agent est l'oxigène; le seul produit, l'acide carbonique : il y a donc soustraction de carbone, et point d'autres combinaisons de l'oxigène avec les différens principes de la graine; car si on fait germer des graines dans cent pouces d'air atmosphérique qui contiennent vingt et un pouces d'oxigène, on trouve que si la germination a produit quatorze pouces cubes d'acide carbonique, il reste sept pouces cubes d'oxigène libre dans la portion de l'atmosphère où la germination s'est opérée.

Il est évident que, dans ce premier acte de la végétation, l'eau ne fournit aucun principe à la graine, et qu'elle ne se décompose pas; néanmoins elle n'est pas inutile à la germination, puisqu'il est de fait que des semences bien sèches en contact avec l'air se conservent sans germer.

L'eau me paraît produire deux effets incontestables dans l'acte de la germination : le premier, de pénétrer le tissu de la graine, et d'y déposer l'oxigène de l'air qu'elle tient en dissolution, pour opérer la première soustraction de carbone; le second, d'ouvrir un accès facile à l'air atmosphérique, pour qu'il pénètre la graine, et opère sur elle de la manière que nous avons déjà indiquée.

Il suit de ce que je viens d'exposer, que la germination ne peut convenablement s'opérer qu'autant que l'air atmosphérique peut pénétrer jusqu'à la graine, et qu'il n'y a de germination, ni dans le cas où la graine est trop profondément enterrée, ni dans celui où une terre compacte et fortement tassée ne permet pas à l'air de pénétrer dans l'intérieur.

Il suit de ces principes que lorsque la terre reste long-temps recouverte par une couche d'eau non renouvelée, les graines doivent pourrir au lieu de germer.

Il suit encore de ces principes qu'une graine placée dans une terre sèche ne pourra pas germer si elle n'est pas humectée.

L'impossibilité où sont les graines de germer lorsqu'elles sont trop profondément enterrées, explique pourquoi, à la suite de profonds labours, on voit quelquefois se développer des plantes de la nature de celles qu'on a cultivées sur le même terrain quelques années auparavant; et la sécheresse plus ou moins grande de la terre au moment des semailles, donne la raison (indépendamment de l'action de la chaleur) pour laquelle les graines *lèvent* plus ou moins promptement.

Les graines ne germent point dans le gaz acide carbonique pur; mêlé avec l'air atmosphérique il ralentit cette opération : lorsqu'on a l'attention d'absorber l'acide carbonique qui se dégage, par la chaux ou les alcalis, on hâte et l'on favorise la germination.

Dans l'état de faiblesse où se trouve la graine qui commence sa végétation, elle repousse d'autres alimens, qui deviennent les principaux agens de nutrition lorsqu'elle est plus forte.

L'acte de la germination s'opère dans le même temps à la lumière et à l'obscurité; mais M. de Saussure, qui a fait cette observation, a vu qu'après le travail de la germination, le développement de la plante était rapide, et plus parfait à la lumière qu'à l'ombre.

Ainsi, dans la germination des grains, tout se réduit aux faits suivans :

L'eau ou l'humidité gonflent la graine, et l'oxigène qu'elles tiennent en dissolution com-

mence à en soustraire une première portion de carbone, principe dominant dans la
graine.

Le gonflement facilite l'introduction de l'air
atmosphérique dans l'intérieur de la graine :
alors l'oxigène se combine plus abondamment avec le carbone, et forme de l'acide carbonique, qui se dégage à l'état de gaz.

La chaleur nécessaire à la germination des
graines facilite l'action de l'oxigène et la vo-
latilisation de l'acide carbonique, en même
temps qu'elle excite le germe et provoque son
développement.

La soustraction d'une portion de carbone
change l'état et la nature des graines; le mucilage et l'amidon dont elles sont composées
presqu'en entier, en perdant une partie de
leur carbone, passent à l'état de corps doux,
laiteux et sucré, qui sert de première nourriture à l'embryon.

CHAPITRE V.

DE LA NUTRITION DES PLANTES.

A PEINE la plante a-t-elle commencé à développer ses premières feuilles, et à établir ses radicules dans la terre, qu'elle se nourrit de nouveaux alimens qu'elle prend dans l'atmosphère, et dans le sol sur lequel elle végète.

Les organes par lesquels cette nouvelle nourriture lui est transmise, sont principalement les feuilles et les racines. Les feuilles absorbent quelques-uns des gaz contenus dans l'atmosphère, et les racines prennent dans la terre, avec l'eau qui les charie, les sucs et les sels qui y sont répandus, en même temps que les gaz qui s'y développent, et ceux qui y sont introduits avec l'air ou tenus en dissolution dans l'eau.

ARTICLE PREMIER.

Influence de l'acide carbonique sur la nutrition.

Les plantes absorbent le gaz acide carbonique contenu dans l'air et dans l'eau ; elles le décomposent au soleil, et s'assimilent le carbone et une partie de l'oxigène.

Une petite dose de gaz acide carbonique, ajoutée à celle que contient l'atmosphère, favorise la végétation ; une trop forte dose lui est nuisible.

Ce gaz est indispensable à la végétation ; mais le besoin n'en est pas le même dans toutes les périodes de la croissance de la plante.

Une très-jeune plante dont les feuilles et les racines commencent à se développer, arosée avec de l'eau imprégnée d'acide carbonique, souffre et languit. Lorsqu'elle a pris de la force et de l'accroissement, cette opération la fait végéter avec plus de force. Sennebier avait déjà observé que les jeunes feuilles décomposent, à volume égal et dans le même temps, moins de gaz acide carbonique que les feuilles adultes.

En général on peut hâter la végétation, en mêlant à l'air atmosphérique jusqu'à un douzième et même un dixième d'acide carbonique ; mais cette addition n'est favorable que lorsque les plantes sont exposées au soleil : un mélange quelconque de cet acide leur est nuisible lorsqu'elles végètent à l'ombre.

L'effet du terreau et de plusieurs autres matières qu'on emploie pour favoriser la végétation est dû en grande partie au gaz acide carbonique, qu'elles versent continuellement dans l'atmosphère, ou qu'elles transmettent directement à la plante.

Les feuilles ont principalement la propriété d'absorber l'acide carbonique et de le décomposer pour s'approprier le carbone. La décomposition est très-active lorsqu'elles sont exposées au soleil, et, dans ce cas, elles reversent dans l'atmosphère la majeure partie de l'oxigène mêlé d'un peu d'azote.

D'après les expériences de M. de Saussure, les plantes, en décomposant le gaz acide carbonique, s'assimilent une petite partie de son oxigène, et versent l'autre dans l'atmosphère.

La décomposition de l'acide carbonique est d'autant plus active, que la lumière du soleil est plus vive, et les feuilles plus vertes et plus saines. Il paraît néanmoins que la décomposition, sans être très-intense, s'opère un peu à l'ombre, puisque Sennebier a observé que les feuilles étiolées qui s'y développent, s'y colorent sensiblement en vert; ce qu'il attribue à la décomposition de l'acide carbonique.

Je décrirai ici une observation que j'ai faite, il y a bien long-temps, dans les mines de charbon du Bousquet (arrondissement de Beziers).

Les pièces de bois qui soutiennent le toit de la longue galerie qui conduit aux couches de charbon, étaient chargées de ces gros champignons qui se fixent ordinairement sur les troncs des arbres vieux : l'entrée de la galerie est très-éclairée ; mais la lumière diminue insensiblement à mesure qu'on pénètre dans l'intérieur, et il règne dans le fond une obscurité complète. Je fus frappé de la différence qui existait entre les champignons qui végétaient à différentes profondeurs dans la lon-

gueur de la galerie ; ceux de l'entrée étaient
colorés en jaune; leur tissu était si compacte,
qu'on avait de la peine à le rompre à la main;
à mesure qu'on avançait, la couleur jaune
rougeâtre s'affaiblissait, le tissu devenait plus
mou et plus lâche; et au fond de la galerie,
où la lumière ne parvenait pas, les champignons, quoique aussi volumineux, étaient
parfaitement blancs et presque sans consistance, à tel point qu'en les pressant avec la
main, on n'en retirait qu'un liquide et peu
de tissu fibreux. Je remplis des bouteilles
de ces derniers, et je pris dans ma main deux
ou trois de ceux qui végétaient au milieu et à
l'entrée de la galerie. L'examen comparé de
ces produits ne m'a présenté, pour ceux du
fond, que de l'eau saturée d'acide carbonique,
une petite quantité de mucilage et un peu de
parenchyme fibreux nageant dans le liquide :
la proportion de l'acide a été beaucoup moins
forte, et celle du tissu ligneux bien plus
considérable dans les champignons cueillis
vers le milieu, et sur-tout dans ceux qui ont
été pris à l'entrée. Les champignons du fond
de la galerie ne contenaient donc que les

matériaux de la nutrition non élaborés , tandis que , dans les autres , la nutrition et l'assimilation étaient plus ou moins parfaites, selon que la lumière et l'air atmosphérique avaient plus ou moins facilité le travail de la végétation. D'ailleurs, comme dans la partie obscure de la galerie, l'acide carbonique était plus abondant qu'à l'entrée, le tissu de ces végétaux a dû s'en imprégner plus fortement.

ARTICLE II.

Action du gaz oxigène sur la nutrition.

Les feuilles saines absorbent le gaz oxigène pendant la nuit; mais les phénomènes qu'elles présentent, varient suivant la nature du végétal.

Les feuilles du chêne , du marronnier d'Inde, du faux acacia, etc., absorbent l'oxigène, et il se forme un volume d'acide carbonique moindre que celui du gaz oxigène consumé.

Les feuilles des plantes grasses diminuent le volume de l'atmosphère dans laquelle elles sont plongées, en absorbant de l'oxigène, sans qu'il se forme sensiblement de gaz acide carbonique.

La plante absorbe d'autant plus d'oxigène qu'elle est plus vigoureuse.

L'absorption se règle encore sur la température : elle est plus grande à vingt-cinq degrés de Réaumur qu'à dix et à quinze.

Lorsqu'on prolonge pendant plusieurs nuits le séjour des plantes dans des récipiens remplis d'air atmosphérique, les feuilles continuent, mais plus lentement, à absorber de l'oxigène ; elles en sont saturées, dès qu'elles en contiennent une fois et un quart leur volume.

Lorsque les feuilles sont saturées de gaz oxigène, elles forment de l'acide carbonique, en combinant leur carbone avec le gaz oxigène de l'atmosphère, sans toutefois changer son volume, et elles n'emploient jamais pour former cet acide, que la moitié de l'oxigène qu'elles peuvent absorber.

L'oxigène absorbé par les feuilles s'y trouve dans un état de combinaison : le vide qu'on fait sur elles et la chaleur qu'on leur applique

ne peuvent en dégager que le sixième du volume du gaz absorbé; ce gaz, ainsi extrait,
n'est point de l'oxigène pur, mais un mélange
de gaz azote, d'acide carbonique et d'oxigène.

Il est très-probable que le gaz oxigène,
absorbé par les plantes dans l'obscurité, se
combine avec leur carbone pour former de
l'acide carbonique, qui reste en dissolution
dans leurs sucs, jusqu'à ce que le soleil en
opère la décomposition, et verse l'oxigène
dans l'atmosphère par la transpiration des
feuilles, tandis que le carbone entre dans la
composition de la plante.

Les plantes ne peuvent se développer que
dans une atmosphère qui contient de l'oxigène; néanmoins elles prospèrent moins à
l'ombre dans le gaz oxigène pur, que lorsqu'il est mêlé avec d'autres gaz, tels que l'a-
cide carbonique et l'azote.

Les feuilles des différens végétaux ne consomment pas, à l'obscurité, la même quantité
de gaz oxigène. Celles des plantes grasses
absorbent peu d'oxigène, elles le retiennent
plus obstinément et dégagent moins d'acide
carbonique. Comme elles conservent mieux

le carbone et pompent peu d'oxigène, ces plantes peuvent vivre dans des sols peu fertiles, croître sur des hauteurs où l'air est très-raréfié, et végéter sur le sable aride.

Les feuilles des arbres qui se dépouillent pendant l'hiver sont, en général, celles qui absorbent le plus d'oxigène et contiennent le plus de carbone. Non-seulement ces plantes préparent tous les sucs qui sont employés à la végétation et à la formation des fruits; mais après qu'elles ont rempli ces fonctions, elles continuent à extraire de l'air et de la terre les principes de leur nourriture; elles les élaborent et les déposent dans le tissu de l'aubier, pour servir de premier aliment à la plante au retour de la belle saison, jusqu'à ce que le développement des feuilles et l'excitation des racines par la chaleur puissent pourvoir à sa nutrition par l'absorption de corps étrangers : c'est ce qui résulte des expériences de M. Knight.

Ce phénomène de la végétation a la plus grande analogie avec ce qui se passe dans la plupart des insectes, dans quelques oiseaux et dans plusieurs quadrupèdes, qui s'engourdissent pendant l'hiver, et se nourrissent de la graisse qui s'est déposée dans leur tissu cellulaire pendant l'automne.

Les plantes marécageuses, qui sont presque constamment enveloppées dans une atmosphère de vapeurs, consument moins de gaz oxigène que la plupart des autres plantes à tige herbacée.

En général, les plantes absorbent d'autant plus d'oxigène, qu'elles végètent dans un sol plus fertile et dans un air qui en contient davantage sous le même volume. Ces résultats sont déduits des nombreuses expériences de M. de Saussure.

Les racines saines, séparées de leurs tiges et mises sous une cloche de verre, diminuent le volume de l'air atmosphérique, et forment de l'acide carbonique avec le gaz oxigène ambiant : dans ce cas, elles n'absorbent jamais un volume de gaz oxigène plus grand que le leur. La racine, ainsi saturée et transportée dans un autre récipient rempli d'air commun, forme de l'acide carbonique sans changer le volume de l'air ; mais si on l'expose alors pour peu de temps à l'air libre, elle absorbe une quantité de gaz oxigène presque égale à son volume, comme lorsqu'on l'a enfermée pour la première fois ; ce qui prouve que l'air atmosphérique libre peut lui enlever l'acide carbonique qu'elle avait formé.

Les racines se comportent donc, eu égard au gaz oxigène, comme les feuilles, mais elles en absorbent moins ; la seule différence c'est que les racines ne décomposent pas le gaz acide carbonique : cette fonction paraît réservée aux feuilles où l'acide est transporté pour être décomposé par les rayons solaires.

Les résultats sont différens lorsque la racine n'est pas séparée de sa tige : alors les racines absorbent plusieurs fois leur volume de gaz oxigène ; la raison en est simple : ici, l'acide carbonique qui se forme, se dissout immédiatement dans les sucs du végétal ; il passe dans la tige et de là dans les feuilles, qui sont le principal organe où s'opère sa décomposition, de sorte que la racine s'en dégarnit à mesure qu'il s'y forme, et elle en produit à chaque instant sans jamais en être surchargée.

Non-seulement les racines absorbent le gaz

oxigène de l'air atmosphérique qui pénètre
jusqu'à elles, mais elles dégagent celui qui
existe constamment dans l'eau qui les humecte.

Ceci me conduit à l'explication d'un fait
que j'ai observé plusieurs fois. Lorsque les
racines de la plupart des arbres plongent et
croupissent dans de l'eau stagnante, renfer-
mée dans le sol sans contact avec l'air atmosphérique, le végétal ne tarde pas à lan-
guir, ses feuilles jaunissent et il meurt. Il paraît que, dans ce cas, le gaz oxigène contenu
dans l'eau s'épuise, et que n'étant pas renou-
velé, la racine n'a plus le moyen d'en absorber : alors elle se pourrit ; tandis que, lorsque
la racine est continuellement abreuvée par
de l'eau courante, elle peut extraire sans interruption l'oxigène qu'elle contient, et former de l'acide carbonique, principe de nutrition du végétal.

Le bois, l'aubier, les pétales, et en général les parties qui ne sont pas vertes,
n'aspirent point et n'expirent pas alternativement, pendant le jour et la nuit, le gaz
oxigène qui les entoure ; mais elles en absor-

bent une petite quantité, qui se combine avec le carbone, et reste en dissolution dans les sucs de la plante, jusqu'à ce qu'il soit transporté dans les feuilles, où s'en fait la décomposition par l'action du soleil. Il paraît, d'après cela, que le carbone, qui forme un des principes les plus abondans des sucs et autres engrais qui sont transmis à la plante pour lui servir de nourriture, ne peut s'assimiler au végétal que lorsqu'il s'est combiné avec l'oxigène pour former de l'acide carbonique. En cet état, il est versé dans l'atmosphère, d'où il est pompé peu-à-peu par les feuilles et décomposé par elles. Ce qui paraît confirmer cette opinion, c'est que si on s'empare, par la chaux ou les alcalis caustiques, de l'acide carbonique, à mesure que les feuilles le transpirent, la plante périt.

ARTICLE III.

Action de l'air sur les fruits.

M. Bérard a placé successivement des fruits verts de toute espèce dans des flacons bien bouchés, ou sous des cloches de verre, renversées sur le mercure, et bien exposées à la lumière. Après vingt-quatre heures de séjour de ces fruits dans ces vases, l'analyse de l'air, dont le volume était sept à huit fois plus considérable que celui du fruit, lui a constamment présenté les résultats suivans :

Acide carbonique	4
Oxigène	16 80
Azote	79 20
	100

Dans tous les cas, une portion de l'oxigène a disparu, et il a été remplacé par un volume à-peu-près égal d'acide carbonique. Souvent la quantité d'acide carbonique s'est trouvée un peu plus faible que celle de l'oxigène absorbé.

En diminuant le volume de l'air dans lequel on expose les fruits, l'oxigène peut être absorbé presqu'en entier. Les expériences faites dans des vases dont le fruit occupait le tiers de la capacité, ont présenté le résultat suivant :

Acide carbonique..........	18 52
Oxigène.................	1 96
Azote...................	79 52
	100

Il paraîtrait prouvé d'après ces expériences, que les fruits exposés à l'action de l'air dans un lieu bien éclairé et sous l'influence successive du jour et de la nuit, absorbent l'oxigène, qui se combine avec le carbone du végétal, et qu'il se forme un volume d'acide carbonique à-peu-près égal à celui de l'oxigène absorbé.

Le même phénomène a lieu lorsqu'on expose l'appareil aux rayons du soleil, avec cette seule différence, que la décomposition de l'air est plus prompte et plus complète au soleil qu'à la lumière du jour et à l'obscurité de la nuit.

Des amandes exposées au soleil depuis neuf heures du matin jusqu'à quatre du soir, ont altéré l'air de la cloche comme il suit :

Acide carbonique.........	15 74
Oxigène	5 65
Azote....................	78 61
	100

Dans ce dernier cas, il paraît qu'outre l'acide carbonique qui se forme par l'oxigène de l'air et le carbone du fruit, celui-ci en fournit une petite quantité : d'où M. Bérard a conclu que les fruits se comportaient à l'air bien différemment des feuilles ; au lieu de changer, comme les feuilles, l'acide carbonique de l'air en carbone et en oxigène, lorsqu'ils sont frappés des rayons du soleil, ils combinent, dans ce cas, l'oxigène avec leur carbone, pour former de l'acide carbonique : de sorte qu'au soleil comme à l'ombre, ils absorbent l'oxigène et transpirent de l'acide carbonique.

M. Bérard a obtenu les mêmes résultats lorsqu'il a opéré sur des fruits qui tenaient encore à l'arbre et qui étaient en pleine végétation.

La maturation des fruits ne paraît à M. Bérard pouvoir s'opérer que par la soustraction de leur carbone, à l'aide de l'oxigène de l'air qui les entoure. Lorsqu'on s'oppose à cette soustraction par un moyen quelconque, le fruit se dessèche et meurt.

Lorsqu'on fait le vide dans les récipiens qui contiennent des fruits, ou qu'on entoure ces fruits d'une atmosphère de gaz hydrogène, de gaz azote ou de gaz acide carbonique, ils laissent d'abord dégager une petite quantité d'acide carbonique; mais ce dégagement diminue sensiblement et s'arrête vers le troisième ou le quatrième jour.

Dans tous les cas, les fruits verts se conservent long-temps sans altération; leur maturation n'avance plus, elle reste stationnaire; mais elle reprend son cours si, au bout de quelques jours, on met le fruit en position de pouvoir absorber de l'oxigène et de transpirer l'acide carbonique.

Lorsque les fruits sont mûrs, ils continuent à absorber de l'oxigène, pour former de l'acide carbonique avec une portion de leur carbone; ils fournissent alors eux-mêmes une grande quantité de cet acide, qui provient de la combinaison de leurs propres élémens.

Il résulte de l'analyse que M. Bérard a faite de plusieurs fruits, à divers degrés de leur maturité, qu'on y retrouve, à toutes ces époques, les mêmes principes, mais dans des proportions différentes. Nous ne citerons que les résultats d'une de ces analyses comparées.

	ABRICOTS BIEN VERTS.	ABRICOTS PLUS AVANCÉS.	ABRICOTS MURS.
Matière animale.........	0,76	0,34	0,17
Matière colorante verte...	0,04	0,03	0,10.
Ligneux...............	3,61	2,53	1,86
Gomme	4,10	4,47	5,12
Sucre............des traces.		8,64	16,48
Acide malique..........	2,10	2,30	1,80
Chaux................	peu.	peu.	peu.
Eau..................	89,39	84,49	74,87

Les cerises, groseilles, prunes, pêches, etc., analysées avant leur maturité et au moment de leur maturité, ont présenté les mêmes résultats, avec quelque légère différence dans les proportions des produits.

Par les progrès de la maturation, la matière animale, le ligneux, l'acide malique et l'eau, diminuent, tandis que le sucre augmente considérablement. Ce dernier produit, extrait du raisin, de la figue et de la pêche à l'état de maturité, se cristallise en partie, tandis que celui des pommes, des poires, des groseilles, des cerises, des abricots et des prunes, reste liquide et incristallisable.

Quand on place dans une atmosphère dépourvue d'oxigène des fruits verts, susceptibles d'achever eux-mêmes leur maturation, ils ne mûrissent pas ; mais cette faculté n'est que suspendue, et on peut la rétablir en mettant le fruit dans une atmosphère qui contienne de l'oxigène. La maturation n'a plus lieu, si le séjour du fruit dans l'air non oxigéné a été trop long.

Après la maturation, le fruit subit un autre genre d'altération qui le fait changer de nature ; il devient blet ou il se pourrit ; il se dégage alors une grande quantité d'acide carbonique. Dans ce dernier cas, le carbone est principalement fourni par le ligneux, qui brunit, et par le sucre, dont la proportion diminue et finit par disparaître, tandis que l'oxigène ne peut être raisonnablement attribué qu'à la décomposition de l'eau. Nous sommes d'autant plus portés à appuyer cette assertion, qu'on peut observer chaque jour que lorsque les fruits *blessissent* ou qu'ils se pourrissent en tas, on distingue aisément, dans l'atmosphère qui les entoure, une odeur particulière qui se rapproche de quelques combinaisons gazeuses, sur-tout de celles de l'hydrogène avec le carbone.

M. de Saussure, qui a répété les mêmes expériences sur les fruits, en a déduit des conséquences qui diffèrent de celles de M. Bérard; il croit pouvoir rapporter cette différence à ce que ce dernier ayant renfermé les fruits dans des bocaux qui ne contenaient que six à huit fois leur volume, le contact presque immédiat des parois du récipient, échauffées par le soleil, a pu altérer les fruits et produire un commencement de décomposition.

Il résulte des expériences de M. de Saussure que les fruits verts se comportent comme les feuilles, mais que l'action des feuilles est plus intense.

Comme les feuilles, les fruits absorbent l'oxigène pendant la nuit, et le remplacent par de l'acide carbonique, dont ils absorbent une partie.

Les fruits transpirent de l'oxigène au soseil; ils consument plus d'oxigène à l'obscurité, lorsqu'ils sont éloignés de la maturité, que lorsqu'ils en sont rapprochés.

M. de Saussure a opéré constamment sur des volumes d'air qui excèdent trente à quarante fois le volume du fruit, et en affaiblissant beaucoup l'action échauffante du soleil.

Les conséquences des expériences de M. Bérard sont toutes applicables à la maturation des fruits dont il avait à s'occuper, celles de M. de Saussure ont sur-tout pour objet leur croissance et leur végétation. Le premier les a considérés dans les changemens qui s'opèrent en eux lorsqu'ils sont détachés de l'arbre; et s'il soumet quelquefois des fruits verts à ses expériences, ils se comportent sous ses récipiens étroits comme des corps morts : le se-

cond a analysé leurs phénomènes de végétation, il est donc peu étonnant qu'ils aient obtenu des résultats différens.

ARTICLE IV.

Action de l'eau dans les phénomènes de la nutrition.

L'eau agit dans la végétation non-seulement par les principes nutritifs qu'elle fournit au végétal qui la décompose, mais par des
moyens purement physiques que nous allons
d'abord faire connaître.

1°. Le premier effet de l'eau sur une terre
qui est employée à la végétation, consiste à
humecter le terrain, à le diviser, et conséquemment à le disposer favorablement à l'extension des racines, à l'introduction de l'air,
au développement des germes.

2°. Le second effet de l'eau consiste à porter à la graine le premier aliment dont elle a
besoin, l'oxigène, que ce liquide tient constamment en dissolution dans une proportion
plus ou moins forte, et qui, comme nous l'a-
vons observé, est l'agent principal de la germination.

3°. Le troisième effet est de diviser le fumier, d'en dissoudre quelques principes pour les transmettre immédiatement à la plante, de manière qu'elle puisse s'en nourrir et les élaborer.

Mais toutes les eaux ne sont pas également propres à ces usages : l'eau de pluie qui est la plus pure de toutes et la plus aérée, en est aussi la meilleure, aucune autre ne peut la suppléer.

En général, les eaux qui proviennent des montagnes de granit ou de calcaire primitif, sont très-propres à la végétation ; mais il faut qu'elles coulent sur des terrains qui ne puissent pas les charger de sels métalliques ou terreux, et que l'espace qu'elles ont parcouru, avant de servir à l'arrosage, leur ait permis de s'imprégner suffisamment d'air atmosphérique.

Les eaux peuvent n'être pas pures et néanmoins servir utilement à l'arrosage, c'est surtout lorsqu'elles charient ou qu'elles tiennent en dissolution certains sels favorables à la plante, et des substances animales ou végétales. Elles agissent dans ce cas par une double vertu et produisent un double effet.

Nous pouvons diviser ces eaux en trois classes : la première comprend celles qui sont chargées des matières animales ; la seconde, celles qui tiennent en dissolution quelques principes des végétaux ; et la troisième renferme les eaux pures ou qui ne contiennent des sels qu'en petite quantité.

Les eaux de la première classe sont les plus actives ; et, parmi celles-ci, les eaux qui sont chargées du suint des laines, ou des combinaisons ammoniacales qui se forment par la fermentation des os broyés, des raclures de cornes ou des débris des laines, occupent le premier rang : ces substances, employées à l'état sec comme engrais, produisent lentement leur effet ; elles exercent une action bien plus énergique lorsqu'elles sont décomposées par la putréfaction, et que l'eau se saisit de tous les produits, à mesure qu'ils se développent, pour les transmettre à la plante.

Les substances liquides, molles ou charnues des animaux, ne produisent pas un effet aussi durable ; leur décomposition est trop rapide pour que leur action se prolonge bien long-temps.

Les eaux de la seconde classe, celles qui sont chargées de quelques produits naturels des végétaux ou de ceux qui proviennent de leur décomposition, forment de très-bons engrais : lorsque la plante est épuisée par l'eau de tous les principes qu'elle peut dissoudre, la décomposition successive du tissu insoluble fournit de nouveaux produits solubles, qui servent à la nutrition ; l'eau s'en empare à mesure qu'ils se forment et les transmet au végétal. C'est ainsi que la plante morte sert d'aliment à la plante vivante, et que tous les élémens qui la composent se retrouvent différemment combinés dans les nouveaux produits.

Lorsque les produits naturels du végétal, et ceux qui sont le résultat de sa décomposition, sont délayés ou dissous dans de l'urine ou autres liqueurs animales chargées de sels, leur action sur la végétation est plus puissante, parce que ces sels excitent les organes digestifs et qu'ils dissolvent des sucs, qui, par eux-mêmes, ne pourraient pas pénétrer dans les organes : ceci explique pourquoi les gâteaux de navette, de colza et de noix, délayés dans l'urine, produisent un des meilleurs engrais connus.

L'eau qui constitue la troisième classe est celle qui tient des sels en dissolution : on peut considérer ces sels comme excerçant plusieurs fonctions dans l'acte de la végétation; il en est qui ne font que stimuler la vitalité de la plante et rendre ses fonctions plus actives; ils font sur elles l'effet des épiceries sur le corps humain, tels sont le sel marin, le salpêtre, etc.; ces sels, mêlés au fumier ou répandus sur le sol, produisent constamment un bon effet.

Pour que les sels soient utiles à la végétation, il ne faut pas qu'ils soient en trop grande quantité, car alors ils dessèchent la plante; les terres qui ont été long-temps submergées par les eaux de la mer se refusent à toute culture productive, jusqu'à ce que le sel dont elles ont été imprégnées ait disparu par les lavages d'eau douce.

Il est des sels qui, chariés par l'eau dans les plantes, outre la vertu stimulante qu'ils y exercent, s'y décomposent, et concourent, par l'assimilation de leurs principes, à nourrir le végétal : la plupart des sels dont les principes constituans appartiennent au règne animal ou végétal sont de ce genre.

Nous avons considéré l'eau sous le rapport d'un agent mécanique et sous celui de véhicule des engrais, il nous reste à faire connaître son action directe sur la plante.

Il est prouvé, par les expériences de M. de Saussure, que les plantes s'approprient l'hydrogène et l'oxigène de l'eau qu'elles décomposent ; mais cette assimilation est peu de chose lorsqu'elles ne peuvent pas en même temps absorber de l'acide carbonique : c'est ce qui est prouvé par le peu de poids qu'acquiert le végétal, lorsque son atmosphère ne contient que de l'oxigène.

Les végétaux morts qui fermentent sans avoir un libre contact avec le gaz oxigène, forment du gaz acide carbonique, qui ne provient que de la combinaison du carbone avec l'oxigène que contiennent les produits de la végétation.

La décomposition de l'eau paraît fournir

en grande partie l'hydrogène qui existe dans
les plantes ; après le carbone, ce principe
en paraît le plus abondant ; on peut l'en
retirer par la distillation ; mais, dans les décompositions spontanées des végétaux morts,
il se combine ou avec l'oxigène, pour recons-
tituer de l'eau, ou avec le carbone, pour s'ex-
haler à l'état d'hydrogène carburé.

ARTICLE V.

Suite de la nutrition des végétaux.

Il paraît démontré que les plantes ne prennent dans l'eau et les gaz atmosphériques que
du carbone, de l'oxigène et de l'hydrogène ;
cependant l'analyse nous a prouvé qu'indépendamment de ces principes et des produits
qui résultent de leurs combinaisons, la plante
contient de l'azote et des substances terreuses
et salines qui ne peuvent pas provenir des
trois élémens dont nous venons de parler : il
nous reste donc encore à rechercher de quelle
manière ces substances peuvent s'introduire
dans le végétal.

L'azote qui se trouve dans l'albumine, la

gélatine, et dans la partie colorante verte, n'est pas sensiblement soutiré de l'atmosphère, quoiqu'il en forme les quatre cinquièmes; mais il est entraîné avec l'oxigène dans l'eau qui est chariée dans la plante, et peut, comme ce dernier gaz, se trouver dans le végétal.

Les terres insolubles dans l'eau et délayées ou suspendues dans ce liquide, ne sont point absorbées en grande quantité par les pores des plantes; mais des agens chimiques quelconques, tels que les alcalis, les acides, etc., peuvent les y transporter. D'ailleurs si l'on fait attention que ces principes sont peu abondans dans le végétal, on concevra aisément que, pour peu qu'il y ait d'affinité entre ces terres et la plante, une division extrême peut en faciliter l'introduction, sur-tout lorsque l'eau sert de véhicule.

Il est des végétaux qui, fixés sur des rocs stériles, se développent en prenant dans l'atmosphère et dans l'eau des pluies le peu d'alimens qui leur sont nécessaires : les mousses, les fougères, les plantes grasses, sont de ce nombre; leur accroissement est lent, leur transpiration presque nulle, leur couleur reste la même presque toute l'année, de sorte qu'elles absorbent sans interruption l'acide carbonique et l'eau pour s'en assimiler les élémens. La quantité de principes salins et terreux qu'elles contiennent provient sur-tout de ceux qui sont entraînés par les vents, déposés sur les feuilles, et dissous par les eaux qui les portent dans le végétal.

Les végétaux épuisent plus ou moins le sol sur lequel ils vivent : les plantes annuelles l'épuisent beaucoup plus que les plantes vivaces; les premières ne trouvent pas dans l'air et l'eau une nourriture assez abondante, et lorsqu'on les élève en leur donnant pour support du sable pur et bien lavé et en les arrosant avec de l'eau distillée, on parvient à les faire fleurir, mais leurs graines n'arrivent jamais à une parfaite maturité, c'est ce qui résulte des expériences de MM. Giobert, Hassenfratz, de Saussure, etc.

En général, les plantes annuelles dont la transpiration est abondante sont celles qui épuisent le plus le sol : les pois, les fèves, le blé noir, quoique leurs tiges et leurs feuilles soient succulentes, épuisent moins, parce qu'elles transpirent peu (*).

Lorsqu'on coupe les plantes à l'époque de la floraison, le sol sur lequel elles croissent n'est pas épuisé, parce que les racines succulentes lui conservent beaucoup d'engrais ; mais lorsqu'elles ont formé leurs fruits, la racine sèche ne restitue presque plus rien à la terre.

Pendant la fructification, la plante ne se borne pas à puiser dans le sol les principes nutritifs qui y sont contenus ; elle emploie encore à la formation de la graine les sucs nourriciers qui ont été déposés dans les tiges et les racines ; c'est ce qui fait qu'elles se dessè-chent, qu'elles *maigrissent* et qu'elles ne pré-sentent plus qu'un tissu ligneux. C'est faute de connaître ce principe qu'on fauche pres-que toujours trop tard les prairies soit natu-relles, soit artificielles ; l'époque la plus favo-rable pour cette opération est celle de la flo-raison : si on attend que la graine soit formée, on s'expose à deux grands inconvéniens : le premier, c'est d'obtenir un fourrage qui est

(*) Bibliothèque britannique, volume 5, page 499.

trop sec et dépourvu en grande partie de ses sucs nutritifs ; le second, c'est que le végétal, qui a rempli le grand œuvre de sa reproduction, seul but que la nature lui a marqué, ne peut plus végéter avec vigueur dans l'année.

On peut développer et appuyer ce dernier principe par des exemples : les prairies qu'on fauche avant la fructification donnent des regains abondans, qu'on peut récolter plusieurs fois dans le courant d'une année ; les plantes fourragères vivaces peuvent être maintenues dans cet état de production pendant plusieurs années en employant les mêmes soins ; mais si on ne les fauche qu'après la formation de la graine, la plante est épuisée et la reproduction est beaucoup moindre.

Tous les agriculteurs savent que lorsqu'on défriche une prairie artificielle qui a été constamment fauchée à l'époque de la floraison, le sol peut nourrir plusieurs récoltes sans fumier ; mais que, si on a laissé grener, il faut fournir à la terre de nouveaux engrais, pour qu'elle produise.

Quelques plantes qu'on coupe à l'époque de la floraison, et qui n'épuisent pas le terrain au même degré que celles qui portent leurs graines, ont fait croire à des agriculteurs que les végétaux se nourrissaient des principes constituans de l'air et de l'eau jusqu'au moment de la fructification, et qu'alors ils prenaient presque toute leur nourriture dans le sein de la terre.

Cette opinion paraît fondée sur ce qui se passe dans la culture des prairies artificielles, qui, constamment fauchées à l'époque de la floraison pendant plusieurs années de suite, appauvrissent si peu le terrain, qu'on peut le faire produire après avoir défriché la prairie, sans employer de nouveaux engrais.

Mais ce principe n'est pas applicable à toutes les plantes : la laitue, le navet, le tabac, le pastel, l'endive, le choux, l'oignon, le petit radis, épuisent beaucoup le sol, quoiqu'on les emploie à leurs usages avant la fructification. La pomme de terre est une des plantes les plus épuisantes, et cependant elle produit peu de graines. Les plantes qu'on élève en pépinière pour les transplanter ensuite, épuisent plus ce sol natal que celui sur lequel elles terminent leur végétation.

Ainsi, dans tout le temps de leur végétation, les plantes prennent leur nourriture dans l'air et dans les sucs de la terre; mais si on fauche une plante au moment de sa floraison, on laisse une racine et une partie de la tige bien charnues, qui restituent au sol presque tout ce qu'il a perdu, tandis qu'en arrachant la plante, le sol reste épuisé.

Il est connu des agriculteurs qu'en enfouissant à la charrue, avant la floraison, une ré-colte de fourrages ou d'une plante annuelle quelconque, on dispose la terre à produire sans le secours d'aucun autre engrais : dans ce cas, on donne au sol plus qu'il n'a fourni à la plante; car, outre les sucs qu'elle a extraits de la terre, elle contient tous les principes qui résultent de la décomposition de l'air et de l'eau.

Pour bien apprécier ce point de doctrine, qui me paraît important pour l'agriculture, il suffit de considérer les changemens qui s'opèrent successivement dans la végétation d'une plante annuelle : d'abord il se produit des feuilles vertes qui se mettent en rapport avec l'air pour y puiser les principes dont j'ai déjà parlé ; les tiges se développent et se chargent de nombreuses feuilles pour soutirer de l'atmosphère une quantité de nourriture proportionnée aux besoins du végétal ; les feuilles et sur-tout les tiges sont d'autant plus fortes, plus charnues et plus vertes, que le sol est plus riche en sucs nutritifs.

Cet état se maintient jusqu'après la floraison : alors, il se produit un changement notable dans la plante ; les racines se flétrissent peu-à-peu, les tiges ne tardent pas à se dessécher, elles changent de couleur, et lorsque la fructification est accomplie, les tiges et les racines ne forment plus qu'un squelette, dont la décomposition ne peut plus que très-imparfaitement engraisser la terre et nourrir les animaux.

Pendant cette époque de la végétation, que sont devenus les sucs qui étaient si abondans dans les racines et les tiges ? Ils ont été employés à former les graines.

Dans le temps que s'opère la fructification, on ne peut pas nier que la plante ne continue à extraire du sol et de l'atmosphère quelques principes qu'elle s'assimile, et qui peuvent concourir à la formation des fruits; mais cette formation est due presqu'en entier aux sucs qu'elle avait déposés dans ses organes.

Ces principes s'appliquent également à la fructification des végétaux vivaces : on observe même que lorsque les fruits sont trop abondans sur un arbre, il s'épuise, se dessèche, et ne produit que des fruits petits et rabougris. La différence qu'il y a entre les végétaux annuels et ceux-ci, c'est que les premiers meurent dès que la fructification est opérée, tandis que les autres conservent leurs feuilles vertes et leurs racines fraîches, pour pomper de nouveaux principes nutritifs, qu'ils déposent dans leur tissu, à l'effet de fournir des alimens à la végétation dès que le retour de la chaleur vient la développer au printemps.

M. Mathieu de Dombasle, l'un de nos agriculteurs les plus éclairés, a fait des expériences qui confirment les principes que je viens d'exposer. Le 26 juin 1820, à l'époque de la floraison, il a choisi dans un petit espace quarante pieds de froment, égaux entre eux, et portant chacun trois tiges en épis; il en a arraché vingt avec toutes leurs racines, et a laissé les autres jusqu'après la fructification; il a nettoyé avec soin les racines de ceux qu'il avait arrachés, et a coupé la tige à deux pouces au-dessus du collet; il a fait sécher séparément les racines et les tiges surmontées de leurs épis.

Les racines et les parties de la tige qui y étaient adhérentes ont pesé.................... 42,6 grammes.
Les tiges, les épis, les feuilles...... 126,2

Total....... 168,8 grammes.

Le 28 août, au moment de la moisson, il a arraché les vingt pieds qui avaient grené, a séparé les racines et coupé la tige comme pour les premières, et il a obtenu les poids suivans :

Racines........................ 27,2 grammes.
Pailles, épis et bâles........... 85,7
Grain.......................... 66,5

Total........ 179,4 grammes.

Pendant cette période de deux mois, les racines et la partie de la tige adhérente avaient perdu... 15,4 gr.
Les tiges, épis et feuilles avaient perdu... 40,5

Total de la perte...... 55,9 gr.

Mais comme le grain a pesé 66,5 grammes, il y a eu augmentation en poids, dans la masse totale, de 11,6 grammes.

On peut conclure de cette expérience que les sucs contenus dans les tiges et les racines, au moment de la floraison, ont concouru et fourni à la formation de la graine dans la proportion de 55,9 sur 66,5, et que l'excédant du poids de la graine, qui est de 11,6, provient de ce que la plante a absorbé dans l'air ou puisé dans la terre pendant les deux mois de fructification.

Si le blé avait été fauché à l'époque de la floraison, on eût laissé comme engrais dans la terre le quart du poids total de la plante; lorsqu'on l'a fauché après la maturité, il n'est resté que le septième; mais ce dernier engrais n'est pas comparable au premier; il ne contient presque que du carbone, tandis que le premier est riche en sucs et d'une décomposition plus facile.

Ainsi, les plantes qui grènent épuisent beaucoup plus le sol, parce qu'elles ne lui rendent presque rien par l'abandon de leurs racines sèches, tandis que celles qu'on coupe en herbe lui restituent, par les racines et une portion de la tige, tout ce que ces dernières ont pris de suc dans la terre, et une partie de ce qui provient de l'atmosphère.

Les principes nutritifs contenus dans le sol ne passent dans la plante qu'à l'aide de l'eau, qui les charie dans un état de dissolution ou d'une division extrême. Le végétal sain absorbe de préférence les sels qui lui conviennent le mieux; lorsque l'eau est chargée de sels qui lui conviennent moins, elle pompe l'eau et refuse d'absorber, dans la même proportion, les sels qu'elle tient en dissolution, de sorte que le liquide s'épaissit.

Il est des sels qui entrent naturellement dans la composition de quelques végétaux : la pariétaire et l'ortie sont chargées de nitrate de potasse; les plantes qui se plaisent sur le bord de la mer contiennent du sel marin ou du sulfate de soude; ces mêmes végétaux, transplantés dans une terre douce, ne donnent plus vestige de ces sels et prospèrent moins bien. M. le marquis de Bullion a prouvé que des plantes de tournesol, élevées dans un terrain qui ne contenait pas de nitre, n'en pré-

sentaient aucun vestige à l'analyse, mais qu'a-
près qu'il les avait arrosées, sur le même sol,
avec une dissolution de nitrate de potàsse,
elles en ont été chargées.

En général, les sels trop abondans et très-
solubles nuisent à la végétation et font périr
les plantes, sur-tout s'ils n'entrent pas naturellement dans leur composition comme principes constituans. Ceux qui leur sont étrangers ne peuvent leur être utiles qu'à très-
petites doses, pour exciter leur vitalité et
stimuler leurs organes : c'est par cette raison
que le sulfate de chaux est si précieux; l'eau
ne peut se charger à-la-fois que de quelques
atomes de ce sel, par rapport à son peu de
solubilité: de sorte qu'il passe peu-à-peu dans
la plante, et son effet se prolonge et se fait
sentir pendant trois ou quatre ans, jusqu'à
ce que le sol en soit épuisé, comme je l'ai déjà
fait observer.

On peut apprécier la quantité et la qualité
des sels que contiennent les végétaux, par
l'analyse des cendres qui proviennent de leur
incinération à l'état sec; mais il n'est pas inu-

tile d'émettre quelques principes qui peuvent jeter du jour sur cette matière.

Kirwan et Ruckers ont prouvé que les plantes herbacées fournissent, à poids égal, plus de cendres que les plantes ligneuses; et M. Pertuis a trouvé que les troncs des arbres donnaient moins de cendres que les branches, et celles-ci moins que les feuilles. Les arbres verts donnent moins de cendres que ceux qui se dépouillent de leurs feuilles en automne. D'un autre côté, Hales et Bonnet avaient observé que les plantes herbacées transpirent plus d'eau que les plantes ligneuses, et que la transpiration des arbres verts est moindre que celle de ceux qui perdent leurs feuilles : cette différence explique pourquoi les cendres sont plus abondantes dans quelques végétaux : l'eau qui s'évapore par la transpiration, dépose dans le tissu du végétal les sels qu'elle y avait entraînés, et elle y est remplacée par une nouvelle quantité de nouvelle eau qui, à son tour, s'évapore en abandonnant ses sels, de sorte que la plante et la portion du même végétal qui transpirent le plus doivent aussi contenir le plus de sels.

Les sels et les terres qu'on trouve dans les végétaux, sont de la même nature que ceux que contient le terrain où ils croissent; mais l'analyse ne les présente pas dans la même proportion qu'ils existent dans la terre, parce que la plante en absorbe plus ou moins et comme par choix, selon sa nature et leur solubilité.

On ne peut pas dire cependant que tous les sels qu'on trouve dans la plante existent préalablement dans le sol : quelques sels neutres se forment évidemment dans le végétal : ce sont ceux dont la composition de l'acide nous est connue, et sur-tout ceux qui contiennent dans leur composition un principe végétal. Les acétates, les malates, les citrates sont de ce genre.

Ces sels n'existent plus après l'incinération de la plante, parce que leur acide s'est décomposé par l'action du feu, et on n'en retrouve dans ce cas que la base, qui est presque toujours de la potasse ou de la chaux; mais on peut s'assurer de leur existence, en analysant le végétal par la voie humide.

On peut même, pour quelques-uns de ces

sels, suivre la formation de leur acide, en observant les progrès de la végétation et les changemens qui s'opèrent dans les produits. Nous n'en donnerons qu'un exemple : les betteraves arrachées en automne et à la même époque, dans le nord et dans le midi de la France, ne fournissent pas les mêmes principes ; celles du nord contiennent du sucre, tandis que les secondes donnent du salpêtre ; cependant les betteraves du midi, dans le mois d'août et au commencement de septembre, fournissent autant de sucre que celles du nord, d'après les expériences que M. Darracq a faites avec soin dans le département des Landes. Le sucre est donc remplacé par le salpêtre, dont l'acide se forme par une suite des progrès de la végétation. On a encore fréquemment observé que les betteraves contenant du sucre éprouvaient souvent une altération pendant l'hiver, qui faisait disparaître le sucre et le remplaçait par du salpêtre ; on peut suivre presque à l'œil, dans ce cas, les progrès de la décomposition : le jus de la betterave qui commence à s'altérer, versé dans les chaudières, développe une

grande quantité d'écume blanche qui laisse
échapper des vapeurs rougeâtres de gaz ni-
treux. Dans cet état, le travail de l'extraction
du sucre devient pénible; les cuites sont difficiles; le sucre se cristallise mal et la mélasse
est plus abondante : on voit clairement que
dans cette circonstance, l'oxigène est déjà uni
avec l'azote, et qu'il ne faut qu'une plus
grande proportion d'oxigène pour former de
l'acide nitrique, ce qui s'opère par les progrès
de l'altération de la betterave; à mesure que
l'acide nitrique se forme, il se combine avec
la potasse, qui est contenue dans le végétal
dans la proportion d'un centième de son
poids, et il se produit du salpêtre.

Lorsqu'on observe une plante dans les
diverses périodes de sa végétation, on voit
des différences très-notables, aux diverses
époques, dans l'odeur, le goût, la consistance, etc.; ce qui suppose qu'il se forme de
nouveaux produits, de nouvelles combinaisons, et par conséquent de nouveaux sels.

Les sels alcalins sont les plus abondans
dans les plantes vertes herbacées : M. de Saussure a observé que les cendres de jeunes

plantes qui croissaient sur un sol ingrat, contenaient au moins les trois quarts de leur poids en sels alcalins, et que celles des feuilles des arbres qui sortent de leurs boutons, en contiennent au moins la moitié.

La proportion des sels alcalins diminue à mesure que la plante se développe et vieillit : cette observation s'applique également aux plantes annuelles et aux feuilles des arbres qui se dépouillent en automne.

Les cendres des semences sont plus chargées de sels alcalins que celles de la plante qui les produit.

Ces résultats peuvent être extrêmement utiles à ceux qui alimentent leurs ateliers de salin et de potasse par les cendres qui proviennent de la combustion des végétaux. Il ne leur est pas indifférent de brûler indistinctement toutes sortes de plantes, et à toutes les époques de leur végétation.

Après les sels alcalins, les phosphates terreux de chaux et de magnésie sont les plus abondans dans le végétal; et, comme dans les premiers, la proportion diminue à mesure que la plante vieillit.

Les plantes contiennent encore, mais dans une faible proportion, de la silice et des oxides métalliques, sur-tout ceux du fer.

ARTICLE VI.

Résumé des phénomènes de la nutrition des plantes.

La nutrition des plantes se fait principalement par les feuilles et les racines ; le premier de ces organes absorbe le gaz oxigène, l'acide carbonique et l'eau contenus dans l'atmosphère ; et le second puise dans le sol le gaz oxigène et l'acide carbonique, qui y sont libres ou dissous dans l'eau, de même que les sucs et les sels qui y sont contenus.

L'eau paraît être le véhicule nécessaire de presque tous les principes nutritifs qui sont fournis par le sol : ainsi, elle sert à la nutrition du végétal non-seulement en lui abandonnant les élémens dont elle est composée, mais encore en transmettant dans ses organes intérieurs toutes les substances qui peuvent lui servir d'aliment.

Les substances qui servent éminemment à la nutrition des plantes, ne présentent, dans

leur composition, que du carbone, de l'hydrogène et de l'oxigène ; les nombreux produits qu'elles forment pendant le cours de
leur végétation, n'offrent pas, à l'analyse, d'autres principes : les sels, les terres et les métaux s'y trouvent généralement en petite
quantité, et dans un état peu différent de
celui sous lequel ils existent dans le sol.

Les trois principes rigoureusement nécessaires à la végétation, l'oxigène, le carbone,
l'hydrogène, se combinent entre eux dans des
proportions différentes, et c'est cette différence dans les proportions qui constitue l'é-
norme variété des produits de la végétation :
quelques centièmes en plus ou en moins
de carbone, d'oxigène ou d'hydrogène, changent la nature des corps.

La chimie, en opérant sur les végétaux
morts, produit à volonté une partie de ces
effets : la fermentation et les décompositions
spontanées nous les présentent en grand
nombre. Mais l'uniformité constante des produits dans les mêmes espèces de végétaux
vivans, l'analogie entre ceux qui appartiennent au même genre, leur variété dans les

différens organes, et la composition particulière, en apparence si compliquée, de chacun
d'eux, forment tout autant de phénomènes,
qu'il est au-dessus du pouvoir de l'art d'expliquer.

Nous connaissons les substances qui entrent
dans le végétal et celles qui en sont éliminées;
nous déterminons par l'analyse la nature et
la composition des produits qui se forment:
là se borne le pouvoir de nos facultés. Tout
ce qui se passe dans l'intérieur est encore
mystère pour nous, et appartient à la vitalité, dont l'action modifie les lois physiques
qui nous sont connues.

Cependant, comme dans le végétal ces
sortes de lois vitales sont moins indépen-
dantes, dans leur application, de l'action des
agens physiques que celles qui régissent les
fonctions des animaux, nous pouvons déjà
soulever une portion du voile et suivre au
moins la marche des phénomènes, si nous ne
pouvons pas encore les produire ni connaître
le mode d'action.

La germination des graines et le développement des bourgeons au printemps sont des

effets presque purement physiques : l'oxigène est le seul agent qui concourt à les produire; l'eau et la chaleur en sont des accessoires nécessaires, mais ils n'entrent en aucune manière dans les nouvelles combinaisons, et ne font que faciliter les changemens qui s'opèrent. Dans ce cas, l'oxigène s'unit au carbone et forme du gaz acide carbonique : par ce moyen, le mucilage ou l'amidon sont ramenés à l'état d'une liqueur laiteuse qui sert de premier aliment.

Dès que la plante a développé ses feuilles, et que la radicule de la graine a pénétré dans le sol, le système de nutrition change. Le gaz oxigène continue à soutirer du carbone par toutes les parties du végétal, à l'ombre et pendant la nuit; mais le gaz acide carbonique qui en provient, au lieu de rester dans l'atmosphère, comme à l'époque de la germination, est absorbé principalement par les racines et les feuilles, et décomposé dans ces derniers organes à l'aide de la lumiere solaire; le carbone se fixe dans la plante, et l'oxigène s'exhale dans l'air à l'état de gaz.

Le fluide aqueux, constamment contenu

dans l'air en plus ou moins grande quantité, en est extrait sur-tout par l'abaissement de température qui s'opère pendant la nuit, et il alimente la plante.

L'eau dont le sol est imbibé dissout les sucs des engrais et les transmet au végétal.

Mais pour que le végétal prospère, il ne suffit pas qu'il ait à sa disposition tous les alimens nécessaires, il faut encore que leur élaboration soit favorisée par d'autres causes également influentes sur la végétation.

J'ai déjà fait observer que les feuilles ne transpiraient du gaz oxigène que lorsque le soleil en frappait la surface, de sorte que l'acide carbonique qui est absorbé par les racines et les feuilles, reste dans la plante pendant tout le temps que les rayons solaires sont cachés.

Ce fait bien constaté nous explique plusieurs des phénomènes les plus importans de la végétation : on voit par là pourquoi les plantes qui croissent à l'ombre ne présentent que des sucs et des fruits qui n'ont jamais ni le goût, ni le parfum, ni la consistance de ceux qu'elles produisent lorsqu'elles végètent au soleil; pourquoi les fourrages et les légumes sont de mauvaise qualité, toutes les fois que le soleil n'a pas facilité la décomposition de l'acide carbonique et l'élaboration des autres sucs nutritifs.

Indépendamment de l'action de la lumière du soleil, sans laquelle les plantes languissent, la végétation exige un degré de chaleur déterminé : en général, les germes ne commencent à se développer que lorsque la température de l'atmosphère est parvenue au dixième ou douzième degré centigrade; et la végétation devient d'autant plus forte que la chaleur de l'atmosphère est plus considérable, pourvu, toutefois, que la terre soit assez humectée pour que l'eau transmette à la plante les sucs nutritifs qu'elle contient, et fournisse par ce moyen à la transpiration.

L'influence de la température est tellement marquée sur la végétation, qu'on la voit diminuer dès que la chaleur atmosphérique décroît, et reprendre son énergie dès qu'elle augmente. La chaleur dilate la sève et facilite sa circulation ; le froid l'épaissit et la rend stagnante.

Quelle que soit la température de l'atmosphère, lorsque la lumière solaire ou le fluide
aqueux viennent à manquer à la plante la
végétation se ralentit.

Ainsi il ne suffit pas à la plante d'être abondamment pourvue des principes nutritifs, il
faut encore que l'élaboration en soit favorisée
par les agens qui concourent à la digestion.

Lorsque la terre est trop abondamment
pourvue d'engrais et que l'eau peut aisément
les transporter dans la plante, l'accroissement
peut en être prodigieux; mais si les organes
digestifs et l'action constante du soleil ne concourent pas à élaborer ces sucs, il en résulte
une espèce d'obésité, ainsi que je l'ai déjà
fait observer, et aucun des produits n'a ni la
saveur ni l'arome qu'ils auraient acquis, si la
nourriture avait été moins abondante et
mieux digérée : il n'est pas rare que, dans ce
cas, les fruits et les légumes conservent l'o-
deur particulière aux engrais dont on les a
nourris.

Les sucs circulent dans le végétal, non pas
avec la régularité de mouvement qu'on observe dans les animaux mieux organisés, mais

avec une force suffisante pour être transpor- tés dans tous les organes, et recevoir dans chacun d'eux une élaboration particulière.

Les racines pompent les sucs au moyen de leurs tuyaux capillaires ; mais la force qui les pousse dans tout l'intérieur de la plante et jusques aux feuilles, où leur carbone se combine avec le gaz oxigène, est supérieure à celle que peuvent leur imprimer la succion capillaire et la pesanteur de l'atmosphère.

Le célèbre Hales coupa une branche de vigne âgée de quatre à cinq ans ; il cimenta avec soin le chicot dans un tube de verre recourbé en forme de siphon et rempli de mercure, le métal s'éleva par la seule force de la sève ascendante, au bout de quelques jours, à trente-huit pouces. M. Mirbel a confirmé ces expériences et en a ajouté beau- coup d'autres très-importantes, dont la des- cription m'écarterait de mon sujet.

Comme la sève circule dans la plante, à l'aide de nombreux vaisseaux et cellules qui n'ont pas de communication rectiligne, on peut expliquer la force d'ascension de la sève par un principe déduit des expériences de

M. Montgolfier, qui ont prouvé qu'au moyen d'une très-petite force on pouvait élever les liquides à des hauteurs presque indéfinies, pourvu que la pression de la colonne du liquide soit détruite par de nombreuses interceptions ou valvules.

La force d'ascension de la sève est d'autant plus considérable que la plante est plus saine et que la transpiration est plus abondante : une tige dépouillée de ses feuilles élève moins le mercure que celle qui en est garnie, et les arbres dont les feuilles sont douces, spongieuses et criblées de pores exhalans, telles que celles du cognassier, de l'aune, du sicomore, du pêcher, du cerisier, etc., l'élèvent à une plus grande hauteur que ceux dont les feuilles sont vernies ou sèches, comme celle des arbres verts. Tout cela résulte des belles expériences de Hales.

Toute l'eau qui est pompée par les différentes parties de la plante, sur-tout par les racines, est d'abord employée à délayer les sucs et à faciliter leur circulation ; il s'en décompose une partie, qui fournit l'hydrogène, si abondant dans les produits de la végétation ; mais la plus grande partie s'évapore , sur-tout par les feuilles, et maintient ainsi la température au-dessus de celle de l'atmosphère pendant les chaleurs brûlantes de l'été. Hales a observé que, dans l'espace de douze heures, un tournesol avait transpiré par les feuilles une livre quatorze onces d'eau.

Les froids qui commencent à se manifester en automne ralentissent le mouvement de la sève ; les fluides s'épaississent, les solides se contractent, les feuilles cessent d'aspirer, et les racines n'absorbent plus les sucs du sol : dès-lors toute fonction vitale est suspendue.

Au printemps, le retour des chaleurs imprime une nouvelle vie aux organes ; les fluides et les solides reçoivent une plus grande expansion ; la circulation se rétablit, et les sucs déposés dans le végétal à la fin de l'été et au commencement de l'automne lui servent de première nourriture.

Des arbres coupés en hiver, des branches séparées de leurs troncs poussent des bourgeons et des tiges au printemps ; une branche de vigne introduite pendant l'hiver dans une serre chaude sans qu'on l'ait détachée de son tronc, végète comme en été, et la partie qui reste en dehors exposée au froid, n'éprouve aucun changement. Les plantes broutées en automne éprouvent, au printemps, une végétation plus tardive et moins forte que celles dont la racine et le collet ont été soigneusement conservés par la fauchaison.

Tous les agriculteurs ont observé que de jeunes arbres plantés au printemps végètent pendant trois ou quatre mois et périssent ensuite : si on les arrache et qu'on en examine les racines, on trouve presque toujours qu'elles ne présentent aucun indice de végétation ; ce qui prouve que la végétation ne s'est opérée pendant quelque temps qu'à l'aide des sucs qui s'étaient déposés dans la plante, en automne, avant la chute des feuilles.

Mais un fait qui ne peut pas échapper à l'œil de l'observateur, c'est la différence de végétation qui a lieu sur la même branche, dont une extrémité se trouve dans l'air et l'autre dans la terre. La partie contenue dans le sol pousse des racines, tandis que celle qui s'élève dans l'atmosphère produit des feuilles ; et si une partie de la racine est mise à découvert et en contact avec l'air, elle forme des tiges et des feuilles, tandis que ce qui reste dans la terre y végète en racines.

Toutes les parties de la plante s'organisent donc par la végétation de la manière la plus convenable pour pomper à-la-fois les principes nutritifs du sol et ceux que fournit l'atmosphère.

L'art est parvenu à maîtriser le cours de la sève, de manière à la diriger à volonté. Lorsque les sucs extraits de la terre sont abondans, la plante les élabore très-imparfaitement, et dès-lors ils sont exclusivement employés à la croissance du végétal ; les arbres, sur-tout, ne produisent dans ce cas ni fleurs ni fruits ; ils se bornent, comme on le dit vulgairement, à *pousser en bois*. Pour remédier à cette surabondance de sève et ne fournir que les sucs que l'arbre peut digérer parfaitement, on enlève à l'arbre quelques-unes de ses racines, ou bien on pratique des incisions à l'écorce du tronc pour faire écouler une partie de la sève surabondante.

Lorsqu'on veut faciliter le développement des fruits, on coupe des branches et on enlève une partie des fruits pour diriger une plus grande masse de sève sur ceux qui restent ; on peut encore pratiquer de fortes ligatures sur les branches ou y faire des incisions circulaires dans toute l'épaisseur de l'écorce, pour produire le même effet.

La taille des arbres fruitiers a pour but principal de borner la production des fruits et de ne laisser que le nombre que la plante peut nourrir.

La greffe qui se pratique sur des espèces analogues, ne fait que présenter aux sucs du sauvageon un tissu organique différent du sien propre : les sucs y reçoivent une élaboration particulière, qui change la nature des produits.

Ce n'est point par l'analyse des plantes ni par la proportion des principes que l'on peut en extraire à l'aide de l'eau, qu'on peut juger de la qualité nutritive des végétaux et des autres substances alimentaires. J'ai déjà prouvé qu'une substance nutritive, dépouillée de toutes ses parties solubles dans l'eau, formait de nouveaux composés solubles, par les progrès de sa décomposition. C'est uniquement par l'expérience et les effets de telle ou telle nourriture sur l'animal, qu'il est possible de déterminer et de connaître les différences que présentent les corps nutritifs. Les sucs digestifs de l'estomac des animaux et les organes des végétaux, animés par des forces vitales que nous ne connaissons pas, ont aussi leur chimie, à laquelle nous sommes étrangers, et dont nous ne pouvons apprécier que les résulats.

C'est donc une erreur que de prétendre déterminer la quantité du principe nutritif par celle que l'eau peut extraire de l'aliment. En partant de ce principe, M. Davy a représenté la vertu nutritive de la betterave par le nombre 136 et celle des carottes par 98; tandis que M. Thaer, qui s'est établi sur l'observation, a estimé la première à 57 et l'autre à 98. D'après les mêmes principes, M. Davy a évalué à 151 l'effet des tourteaux de lin, comparativement à celui de la betterave, supposé 136; tandis qu'il est prouvé que soixante-dix livres de betteraves sont à peine l'équivalent en nourriture de dix livres de tourteaux.

Pour estimer la vertu nutritive d'une substance, il faut avoir moins d'égard à ses principes chimiques qu'à la nature de l'animal qui s'en nourrit : l'un rebute ce qui plaît à l'autre; l'un décompose ce que l'autre rejette, et c'est à la seule observation à prononcer.

Ces principes sont moins applicables à la nutrition des végétaux qu'à celle des animaux, parce qu'il faut que, dans les premiers, l'aliment soit dissous ou délayé et mis en contact immédiat avec les suçoirs de la plante, tandis que les autres vont le chercher au loin et font choix de ce qui leur convient; mais dans les deux cas la vertu nutritive ne peut être appréciée que par les résultats de l'élaboration dans les organes digestifs et par l'effet produit sur l'économie animale ou végétale.

Il ne faut pas d'ailleurs perdre de vue que la vertu nutritive des divers produits de la végétation est moins en raison du poids que de la qualité, et qu'une substance insoluble à l'eau peut néanmoins être dissoute dans l'estomac et former une excellente nourriture.

CHAPITRE VI.

DES AMENDEMENS DU SOL.

AMENDER un sol c'est le rendre plus propre à la végétation, en améliorant la nature du terrain.

On peut donc appeler *amendement* tout ce qui tend à disposer le sol d'une manière plus favorable à la plante, sous le rapport de l'action qu'exercent sur elle la terre, l'air, l'eau, la température, les engrais, etc.

Ainsi, avant de s'occuper d'amender un sol, il faut en connaître les qualités et sur-tout les défauts; car ce n'est qu'après avoir acquis cette connaissance qu'on peut lui appliquer les amendemens qui lui conviennent.

Cette connaissance préliminaire des défauts d'un sol en suppose une seconde, celle de la vertu de tous les agens qu'on peut employer comme amendement : en effet, il s'agit de corriger des vices connus, et on ne peut y parvenir que par le moyen de substances qui possèdent des qualités opposées.

En désignant par le mot *amendement* tout ce qui peut contribuer à l'amélioration d'un sol, on voit qu'il a déjà une grande étendue d'applications : il comprend les opérations purement mécaniques et les mélanges terreux et nutritifs qu'on opère par l'art; il embrasse tous les moyens qu'on peut employer pour mieux diriger l'action de l'air, de l'eau et de la chaleur, etc.

C'est sous tous ces rapports qu'il faut considérer le grand art des amendemens.

Les meilleures terres produiraient peu si elles n'étaient pas remuées par la bêche, la pioche ou la charrue.

Cette opération divise et ameublit la terre; elle ramène à la surface les engrais de tout genre que les pluies avaient entraînés et soustraits à l'action des racines; elle mêle les fumiers avec la terre et rend leur action plus uniforme; elle détruit les mauvaises herbes et les dispose à servir d'engrais; elle purge le sol des insectes, qui s'y multiplient pour dévorer les récoltes.

On pratique cette opération sur tous les sols, de quelque nature qu'ils soient ; elle fait la base de l'agriculture, parce que sans elle il n'y a pas de produit ou de récolte possible.

Le travail à la pioche et sur-tout à la bêche est bien plus parfait que celui à la charrue : ce dernier instrument divise et retourne moins exactement que les deux premiers ; malgré les labours *croisés* et multipliés, il laisse dans les intervalles et les intersections des sillons, des portions de sol qui ne sont pas remuées ; mais le travail à la charrue est moins coûteux et plus expéditif, et c'est ce qui lui a fait donner la préférence.

Je connais un petit village en Touraine, entre le Cher et la Loire, où toutes les terres sont cultivées à la bêche ; leur produit est constamment double de ce qu'il est dans le voisinage ; les habitans y sont riches, et leur sol a doublé de valeur. Dans le Bremont, entre Loches et Chinon, on n'emploie que ce moyen pour cultiver un terrain très-fertile ; mais on ne peut pratiquer cette méthode que dans les petites propriétés ou dans les pays où la main d'œuvre est abondante et à très-bas prix; je ne doute pas cependant qu'il n'y ait des localités où elle ne tournât à profit, si on l'exécutait de temps en temps pour améliorer successivement les terres, sur-tout lorsque des plantes à longues racines se sont emparées du sol.

Dans les terres d'alluvion formées par les dépôts de la Loire, entre Tours et Blois, le propriétaire retire de son sol une récolte en céréales; il le loue ensuite à des particuliers, qui, à l'aide de la bêche, le retournent à un pied de profondeur pour y cultiver des légumes.

D'après l'effet que produisent les labours, on peut juger qu'il ne convient pas de les multiplier également dans tous les sols, ni de les donner à la même profondeur, ni de les pratiquer indifféremment dans toutes les saisons.

Un sol léger, poreux, calcaire ou sablonneux exige moins de labours que celui qui est compacte et argileux; ce dernier en demande de plus profonds, parce que sans cela les racines ne pourraient pas s'y loger, et l'air ne pourrait pas le pénétrer pour déposer sur elles son humidité bienfaisante.

Il est des sols qu'on peut labourer en tout temps, tels que les calcaires, les sablonneux et les siliceux; et il en est d'autres qui ne sont accessibles à la charrue qu'à certaines époques, que l'agriculteur doit saisir avec empressement : les sols argileux sont de ce genre; la pluie les ramollit au point que la charrue tracerait *dans la boue*, si on l'employait immédiatement après ; la sécheresse de quelques jours les durcit à tel point, qu'ils deviennent impénétrables au soc; c'est dans ces intervalles qu'il faut saisir le moment le plus favorable aux labours.

Les labours donnés le plus à propos ne suffisent pas toujours pour amender ou préparer convenablement les terres destinées aux cultures; les unes ne sont pas suffisamment divisées, *émiettées;* les autres ne sont pas assez *tassées :* c'est par la *herse* et le *rouleau* qu'on termine l'opération du labourage.

En promenant la herse dans toutes les directions sur un champ fraîchement labouré, on brise les mottes que la charrue avait soulevées, on enlève les mauvaises herbes qu'elle avait déracinées, et on donne à tout le *sol* remué une division égale dans toutes les parties. On emploie des herses plus ou moins fortes, plus ou moins pesantes, selon la nature du sol et la résistance qu'il oppose à la pulvérisation.

Lorsque la terre qui est cultivée en prairies artificielles, sur-tout en luzerne, forme à la surface une croûte impénétrable à l'air et à l'eau, on peut employer avec avantage la herse pour ouvrir le sol : cette opération ne doit s'exécuter que la deuxième année, et on la pratique au commencement du printemps ou immédiatement après la première coupe du fourrage; par ce moyen, on ranime des prairies, qui continueraient à dépérir, et on détruit beaucoup de mauvaises herbes.

J'ai pratiqué avec un grand succès cette méthode sur les blés, dans les premiers jours du printemps; ils ont été incomparablement plus beaux que ceux qui n'avaient pas été hersés. Dans ce dernier cas, il faut avoir l'attention de n'employer que des herses légères et à dents de bois.

Le rouleau produit encore un très-bon effet après qu'on a recouvert la semence : il unit la surface du sol; il tasse la terre, il la lie avec la graine; et il convient sur-tout dans les terrains poreux et légers et dans les terres dont les parties constituantes sont très-ténues et légères. Les vents ou les pluies pourraient entraîner la première couche du sol, et mettre à nu les racines des plantes, si le rouleau n'avait pas donné la fixité convenable pour résister. D'ailleurs, en rendant la surface du terrain plus égale, le rouleau dispose le sol à présenter moins d'obstacles pour couper la récolte par la faux ou la faucille.

Lorsque les gelées ont soulevé la terre et que les dégels ont laissé les racines presque sans appui et sans cohérence avec le sol, il est utile d'employer le rouleau du moment que le terrain est assez ferme pour pouvoir pénétrer dans les champs et dans les prés : par ce moyen, on lie la terre avec les racines et on répare l'effet du dégel.

On ne peut juger du mélange qu'il convient d'introduire dans un sol qu'on veut

amender, que d'après une connaissance parfaite de sa nature et de ses défauts.

Un sol qui réunit dans sa composition le
mélange le plus convenable de terres, n'a pas
besoin d'être amendé par l'addition de nouveaux principes terreux. De bons labours et
des engrais suffisent pour le rendre fertile ;
mais celui où l'une des terres prédomine à
tel point qu'elle donne son caractère à toute
la masse, exige qu'on corrige ses défauts par
le mélange de substances qui aient des qualités opposées.

Je distinguerai donc les sols de cette nature en argileux, calcaires, siliceux et sablonneux : cette division paraît comprendre tous
ceux qui ont besoin d'être amendés; et la
qualité de la terre qui y domine, indique
déjà suffisamment quel est le genre d'amendement qui convient à chacun.

Le sol argileux devient pâteux par les
pluies; il durcit et se crevasse par la sécheresse; il n'absorbe l'humidité de l'air
qu'à la superficie ; il s'imbibe abondamment
d'eau de pluie, mais il la retient par une
forte affinité , et lorsqu'elle est surabon-

dante, elle reste stagnante et pourrit les racines.

Le sol argileux est peu favorable au labourage : lorsque les froids en ont lié toutes les parties, en glaçant dans leurs intervalles l'eau qui s'y trouve, le dégel délite la terre, la divise en molécules, et les racines des plantes ont si peu de cohésion avec elle, qu'on peut les arracher sans éprouver de la résistance; elles s'y trouvent dans l'état d'un végétal nouvellement planté, qui a besoin de s'établir, de se fixer et de se lier avec *le sol*, pour pouvoir végéter. Si, dans cet état, la racine est saisie par une nouvelle gelée, elle meurt, parce que, n'étant plus défendue par son intime adhérence avec le terrain, le froid agit sur elle comme si elle était à la surface sans défense : c'est ce qui fait que l'alternative des gelées et des dégels est plus nuisible aux céréales et aux prairies artificielles, que des froids plus violens, qui se prolongeraient jusqu'au printemps. C'est pour cela que j'ai proposé de tasser les terres par le rouleau après le premier dégel, pour éviter les résultats funestes d'une seconde gelée.

C'est à ces défauts, plus marqués dans les sols argileux que dans les autres, qu'il s'agit de remédier par les amendemens : tout ce qui tend à rendre la terre plus meuble, plus poreuse, plus légère, à donner de l'écoulement aux eaux, convient parfaitement à cette nature de sol : ainsi, le mélange des terres et des sables calcaires, le falun, les craies et les marnes très-maigres, les labours profonds et répétés, l'enfouissement de quelques récoltes en vert, les engrais chauds, tels que les fumiers frais de la litière des moutons et des chevaux, la fiente des pigeons et de la volaille, la poudrette, les sels, sont tout autant de moyens qu'on peut faire concourir pour amender et améliorer ces sols.

J'ai eu occasion de voir plusieurs terrains qui possédaient presqu'au même degré les défauts qui caractérisent le sol argileux, sans qu'on pût les attribuer à un excès de cette terre : en les délayant dans l'eau, je me suis convaincu qu'il n'existait dans leur composition presque aucune partie de sable grossier, de sorte que la totalité n'était qu'une réunion de molécules très-ténues, très-divisées, qui, ne présentant aucune consistance dans leur masse, formaient une pâte avec l'eau et se fendillaient lorsque ce liquide s'évaporait. La seule différence entre les sols argileux et ceux-ci, c'est que la masse desséchée n'offre point la dureté de l'argile, et qu'elle tombe au contraire en poudre presque impalpable lorsqu'on la presse dans la main. Je regarde ces sols comme des terrains épuisés par une longue culture; j'en ai possédé de cette nature et je les ai rétablis par le mélange d'une marne sablonneuse, qui contenait quarante-deux pour cent de sable siliceux.

Les sols calcaires ont des propriétés et des vices opposés à ceux des sols argileux : les eaux filtrent aisément au travers et s'évaporent de même ; l'air les pénètre et y dépose l'eau dont il est chargé, ce qui concourt puissamment à leur fertilité, sur-tout dans les climats chauds.

Les labours y sont faciles en tout temps ; la terre est légère, poreuse, et permet le développement des racines, pourvu qu'elle ait de la profondeur.

Quoique, par sa nature, ce sol n'exige pas

autant d'amendement que celui qui est argileux, on peut néanmoins l'améliorer et surtout lui donner la faculté de retenir plus longtemps les eaux pour les fournir aux besoins des plantes ; il suffit d'y mêler de la marne grasse, et, à défaut, de l'argile calcinée.

Ces sols, naturellement chauds, exigent des fumiers frais de vache ou de bœuf ; les engrais onctueux leur conviennent de préférence.

Le sable incorporé dans le sol calcaire très-divisé, forme un excellent amendement, surtout lorsqu'on le fait concourir avec l'argile ou la marne grasse.

J'ai vu employer avec le plus grand succès le limon gras de rivière pour amender les sols calcaires.

Le sol sablonneux et le siliceux ont beaucoup de rapports entre eux : l'un et l'autre sont en général formés par les alluvions des rivières ; l'un et l'autre sont presque stériles lorsqu'ils ne contiennent pas d'autres principes ; l'un et l'autre forment la base d'un très-bon sol lorsqu'ils sont convenablement amendés.

Lorsque ces sols viennent d'être formés

par les inondations ou par le déplacement du lit des rivières, ils sont sans fertilité pendant quelque temps; mais peu-à-peu les crues d'eau qui les recouvrent successivement y déposent un limon qui en pénètre toute la couche, en lie toutes les parties et en fait un excellent terrain; ce limon est d'autant plus fertile, qu'il est mêlé des débris de toutes les matières végétales et animales que les eaux bourbeuses entraînent avec elles pendant les inondations; c'est ce qui fait que ces sols d'alluvion se plantent et se sèment naturellement lorsqu'ils sont livrés sans culture à eux-mêmes : les eaux qui les recouvrent de temps en temps y déposent les graines qu'elles ont entraînées dans leur cours.

Les sols de cette nature exigent rarement des engrais : les inondations successives y apportent des germes de fécondité toujours renaissans; ils s'élèvent progressivement par les dépôts de limon qui s'accumulent et parviennent en peu d'années à une hauteur suffisante pour qu'ils ne soient recouverts que dans les plus fortes inondations, et qu'en aucun cas les gros cailloux, qui ne roulent jamais à la surface des eaux , ne puissent s'y déposer.

Ces terrains, si précieux pour l'agriculture, ne présentent pas tous une grande résistance aux courans rapides des grandes crues, qui souvent les entraînent., ni aux masses de glaces, qui les déchirent et les sillonnent au moment des débâcles. Je crois devoir consacrer quelques lignes à indiquer les moyens de les garantir de ces accidens : conserver la propriété , c'est faire plus que l'amender.

En général, on entoure ces sols de plantations pour éviter les dégâts dont nous venons de parler ; mais les grands arbres s'établissent d'une manière peu solide dans un sol sablonneux et mouvant.

Les vents, qui sont en général si impétueux dans les vallées où coulent les grandes rivières, tourmentent les arbres , les courbent en tout sens et impriment du mouvement à leurs racines : la terre qui entoure ces racines en est continuellement remuée, les eaux y pénètrent et la détrempent, et lorsqu'il survient une crue, c'est par là que se fait la brèche , parce qu'il y a moins de résistance.

Lorsqu'on a observé avec soin l'action des

courans sur les grands arbres qui entourent une propriété placée au milieu ou sur les bords des fleuves ou des rivières, on a pu se convaincre que le tronc, qui oppose une résistance invincible à l'eau dont la course est rapide, la force à se diviser en courans qui ceignent le contour de l'arbre, se réunissent au-dessous, et creusent le sol de manière à former une tranchée, qui peut faciliter là destruction de la propriété. Ainsi les grands arbres peuvent bien détourner les glaçons et préserver le sol de leurs dégâts ; mais loin de le garantir du danger des courans rapides, ils en deviennent les auxiliaires.

Les arbrisseaux flexibles sont préférables sans doute ; ils lient le sol par leurs racines, ils se couchent sur sa surface et le garantissent pendant les inondations ; mais ils ne présentent point de résistance dans les momens de la débâcle des glaces ; ils ne peuvent pas détourner les glaçons et les retenir dans le lit des rivières, pour qu'ils ne sillonnent pas le pré ou le champ.

Il faut donc faire concourir l'action des arbres avec celle des arbrisseaux flexibles, et pour cela il faut planter des saules ou des peupliers à l'extrême bord et à la distance de sept à huit pieds l'un de l'autre; on les étête à quelques pieds au-dessus de la hauteur où parviennent les plus hautes eaux; on plante de l'osier tout autour, sur la pente ou le talus du terrain, et à quatre ou six toises dans l'intérieur.

En peu d'années on n'a plus rien à craindre ni des glaces ni des inondations, et on s'est formé un revenu considérable par l'élagage des arbres et la tonte annuelle des osiers.

Après avoir mis sa propriété à l'abri des ravages des inondations, on peut encore mettre à profit les ressources du voisinage d'une rivière par des moyens peu coûteux et très-simples.

J'ai déjà fait observer que le limon des eaux était le meilleur des amendemens et qu'il dispensait d'employer des engrais pour la plupart de ces terres d'alluvion; il s'agit de le retenir dans les inondations et de ne retenir que celui qui possède la vertu fertilisante au plus haut degré.

Lorsque les eaux commencent à inonder

par la tête ou *l'amont* d'une propriété, elles
en parcourent toute l'étendue avec rapidité,
elles en sillonnent la surface, elles emportent
au dehors le limon le plus ténu dont elles
sont chargées, et souvent elles déchaussent
les récoltes et entraînent les engrais qu'elles
avaient auparavant déposés; ainsi elles appauvrissent le sol au lieu de l'enrichir : mais
lorsque les eaux pénètrent d'abord par la
partie inférieure ou *l'aval* et qu'elles sub-
mergent lentement et successivement toutes
les parties du terrain jusqu'à la tête, alors
l'eau qui inonde dépose le limon le plus divisé, le plus fertile, le plus chargé des substances végétales et animales qu'elle a enlevées
aux sols qu'elle a submergés dans son trajet,
et elle n'occasionne aucun dégât ni au terrain
ni aux récoltes : alors tout est *bien* de la part
de l'inondation. Pour imprimer cette direction aux eaux, il suffit d'élever de quelques
pieds la tête ou *l'amont* du sol; ce qui se fait
en formant des digues en terre, qu'on recouvre d'osier.

C'est par de tels procédés que j'ai amélioré
les îles que je possède sur la Loire, et que

j'en ai au moins triplé la valeur : ces terres, qui produisaient peu et éprouvaient réguliè-rement des dégâts par les inondations du fleuve, sont aujourd'hui les plus productives de mon domaine, pour la culture des bette-raves et des céréales.

Lorsque les sols sablonneux ou siliceux sont placés à de grandes distances des rivières, ou que, riverains des fleuves, ils se trouvent à l'abri de leurs inondations, il faut alors les amender par l'art, et on y parvient à l'aide des marnes grasses, des argiles, des fu-miers, etc.

On doit varier les amendemens selon la nature et la grosseur des sables; les sables calcaires sont plus propres à retenir l'eau que les siliceux.

J'ai vu des sols formés par des couches de gros cailloux, qui, sans apparence de terre végétale à la surface, produisent néanmoins de bonnes récoltes : la couche de cailloux qui est au-dessous de la première présente assez de terre pour que les plantes s'y établissent et prospèrent.

Les sols de cette nature forment d'excellens

pacages pour les troupeaux : c'est ce qu'on observe dans les anciens et immenses atter-rissemens de la Durance et du Rhône.

Les herbes y sont excellentes et craignent moins qu'ailleurs l'ardeur dévorante du soleil, parce qu'elles en sont garanties par la couche des cailloux superposés aux racines. Rozier avait essayé de paver une partie du sol de ses vignes aux environs de Beziers, et il en obtenait de bons résultats, sur-tout pour la quantité de vin qu'il en retirait. Un de mes amis possédait à Paris, près de la barrière d'Enfer, un enclos dont le sol était si sec et si maigre, que, malgré tous ses soins, il n'avait pas pu parvenir à y faire prospérer des arbres à fruits. Il le couvrit d'abord d'une couche de bonne terre, qu'il mêla avec les sables arides qui formaient le sol, ce qui lui acquit un peu de fertilité ; mais les chaleurs desséchaient toujours ses plantations, qu'on ne pouvait ga-rantir et conserver que par des arrosages fré-quens et ruineux : il se décida alors à recouvrir toute la surface du terrain d'une couche de cailloux, et dès ce moment les arbres y ont prospéré.

Dans plusieurs contrées, on a recours au feu pour amender le sol : cette pratique, qu'on appelle *écobuage,* est fortement recommandée par quelques agronomes et vivement désapprouvée par d'autres ; tous s'appuient sur le résultat de leur propre expérience ; tous sont de bonne foi, et il serait inutile de contester la vérité de leurs observations.

On ne peut accorder ces opinions contradictoires et faire connaître les cas où l'écobuage convient et ceux où il ne convient pas, qu'en éclairant l'agriculteur sur l'effet de cette opération ; il ne pourra ensuite qu'en faire de justes et utiles applications.

Pour écobuer, on enlève en mottes une couche du sol, épaisse de deux à quatre pouces : on forme de petits tas de combustible avec la bruyère, les ajoncs, les chardons, la fougère et le menu bois qui souillent le sol ; on les recouvre avec les mottes, et au bout de quelques jours on y met le feu : la combustion et l'incinération durent plus ou moins de temps. Lorsque la masse est refroidie, on répand sur toute la surface du sol les tas de cendres qui y sont disséminés.

Par cette opération, on divise les parties constituantes du sol; on le rend moins compacte; on corrige la disposition qu'a l'argile à absorber à pure perte une grande quantité d'eau et on la rend moins cohérente et moins pâteuse; on convertit en engrais la matière végétale inerte; on porte au *maximum* l'oxidation du fer; on détruit les insectes et les mauvaises graines, etc.

Ainsi l'écobuage convient aux sols humides et compactes; il convient pour le défrichement toutes les fois que la couche de terre est trop cohérente ou qu'elle présente des veines d'oxide de fer noirâtre; il convient dans presque toutes les terres froides et compactes.

L'écobuage change complétement la nature d'un sol et corrige la plupart de ses imperfections, sur-tout s'il est fait à propos et avec intelligence. J'ai rendu, par ce moyen, à l'agriculture soixante hectares d'un sol réputé stérile, formé presqu'en entier d'une argile ferrugineuse et très-compacte, en l'écobuant à quatre pouces de profondeur. Depuis douze ans, cette terre, sans être très-productive, me donne chaque année d'assez belles récoltes.

Sa stérilité l'avait fait nommer *la bruyère des juifs.*

L'écobuage est au contraire nuisible dans les fonds calcaires et légers, dans les sols dont la composition terreuse est parfaite, dans les terrains fertiles et riches en matières animales et végétales décomposées.

L'écobuage est inutile dans les sols purement siliceux. Ici, le terrain ne peut recevoir aucune modification de la part du feu.

Il est des pays où l'on est dans l'usage de brûler les chaumes sur place : cette méthode, qui n'est qu'un faible écobuage opéré sur la surface du sol, peut produire de bons effets, d'abord en purgeant le sol de graines et de plantes nuisibles, et, en second lieu, en formant une légère couche de charbon, qui, par sa division extrême, peut servir aisément d'aliment aux végétaux. Je crois même que la chaleur produite par la combustion du chaume et autres herbes qui recouvrent le sol, peut apporter d'heureux changemens dans la manière d'être des principes terreux.

Les résultats que j'ai obtenus dans la plaine des Sablons, près Paris, d'un mélange d'argile simplement calcinée avec le sable qui constitue ce sol, m'ont toujours fait penser que par-tout où l'on a à cultiver des terrains de cette nature, on pourrait employer avec succès les mêmes moyens : il suffit de former de grosses boules avec l'argile ramollie par l'eau et réduite en pâte, et de les calciner dans un four de poterie ou de chaufournier; on amende utilement les sols calcaires, siliceux et sablonneux avec les fragmens de ces boules concassées.

De tous les agens qui influent sur la végétation ou qui sont employés comme amendemens, il n'en est aucun dont l'action soit plus puissante que celle de l'eau : non-seulement elle agit comme principe nutritif, en se décomposant dans la plante, et en y déposant les élémens qui la constituent; mais elle contribue encore à favoriser la fermentation des engrais, dont elle porte les sucs et les sels dans les organes du végétal. Indépendamment de ces propriétés, l'eau délaie les sucs qui sont épaissis dans le corps du végétal, en facilite la circulation, et fournit abondamment à la transpiration. L'eau a encore l'avantage d'ouvrir le sol, de le rendre plus perméable aux racines et d'y apporter l'air atmosphérique dont elle est chargée.

La portion d'eau excédant les besoins de la plante s'échappe par les pores. La transpiration est d'autant plus abondante que le végétal est plus avide de ce liquide, ou qu'il l'a absorbé en plus grande quantité.

L'usage d'inonder les prairies pendant l'hiver les garantit de l'effet des fortes gelées : M. Davy a déterminé la température comparée au-dessus et au-dessous de la couche de glace qui recouvrait un pré ; son thermomètre marquait 2° 5 sous o au-dessous de la glace et 6° au-dessus. Il n'est personne qui n'ait observé, pendant l'hiver, que lorsque toute la surface d'un pré n'est pas inondée, l'herbe croît et conserve sa couleur verte dans toutes les parties qui sont abritées par la glace, tandis qu'elle est sèche et presque morte par-tout ailleurs.

La nature des eaux n'est pas indifférente pour l'irrigation ; les eaux vives sont les meilleures, sur-tout lorsqu'elles sont bien aérées par un long trajet.

Quoique l'eau soit l'agent le plus actif de la végétation, il exige néanmoins qu'on l'emploie avec réserve et prudence : en inondant un sol par l'irrigation, et maintenant constamment la terre dans un état de pâte liquide, on produit plusieurs mauvais effets : le premier de tous, c'est de trop hâter la végétation et de grossir la plante au détriment de toutes les qualités qu'elle doit avoir : dans ce cas, la fibre reste lâche, le tissu mou et aqueux, les fleurs sont inodores, et les fruits sans consistance, ni saveur, ni parfum ; le second, c'est de faire périr toutes les plantes utiles qui ne se plaisent pas dans l'eau, et de les remplacer par des joncs, des iris, qui dénaturent et ruinent le sol : on produit, dans ce cas, ce qu'on cherche à détruire par-tout dans les prairies naturellement trop humides, à l'aide de la suie, des gravois, des cendres et autres corps salins et absorbans.

Les irrigations fréquentes ne sont pas nuisibles dans les terres maigres, légères, sablonneuses, calcaires et qui ont beaucoup de profondeur ; mais elles sont funestes dans les sols gras, compactes, argileux, où s'établissent aisément les mauvaises herbes dont nous venons de parler.

Pour déterminer les époques les plus favorables à l'irrigation, il faut consulter l'état du sol et celui des plantes : lorsque la terre est dépourvue d'humidité à une certaine profondeur, et que les feuilles des végétaux languissent, et commencent à se flétrir, on reconnaît que c'est le moment d'arroser. En laissant trop long-temps les plantes dans cet état de langueur, elles cessent de croître et se pressent de terminer leur végétation par la production des fleurs et des fruits, production toujours faible, pauvre et incomplète lorsqu'elle s'opère dans ces circonstances.

L'usage de laisser reposer les terres après qu'elles ont produit quelques récoltes, remonte à la plus haute antiquité, et fait encore la base du système d'agriculture qui est suivi dans la plus grande partie de l'Europe. Après avoir épuisé le sol par deux ou trois récoltes successives, on croit devoir le laisser en repos ou en *jachère* pendant un ou deux ans, pour lui donner le temps de recouvrer ses forces ou sa vertu productive.

Le besoin du repos, que la nature a imposé à tous les animaux fatigués ou épuisés par une longue suite d'efforts, ou par un travail soutenu, a sans doute beaucoup contribué à faire adopter cette méthode de culture; et quoique l'analogie qu'on a voulu établir entre les fonctions des êtres vivans et celles des autres corps, ne soit ni juste ni raisonnable, elle a néanmoins beaucoup servi à affermir la pratique des jachères.

Cependant, je suis bien éloigné de croire que ce soit là la principale cause de l'adoption de la méthode qui nous occupe : c'est sur-tout au manque de bras, à l'impossibilité de nourrir un nombre suffisant d'animaux pour avoir les engrais nécessaires, qu'il faut l'attribuer.

L'étendue de la culture des terres a dû être dans tous les temps proportionnée à la population qui devait se nourrir de ses produits; il est donc à présumer que lorsque le globe avait moins d'habitans, les peuplades ne se fixaient que dans les lieux où le sol était le plus fertile, et que du moment qu'elles l'avaient épuisé elles se portaient ailleurs. Mais lorsque les propriétés ont été marquées et garanties, chaque cultivateur a dû monter et organiser son exploitation toujours proportionnellement à la consommation, de sorte qu'il a pu lui suffire de cultiver le quart ou le tiers de l'étendue de son terrain et de laisser le reste en friche.

Les jachères ont donc été forcées. On savait certainement, d'après ce qu'on pratiquait dans les jardins qui entouraient les habitations, qu'avec des labours et des fumiers on pouvait indéfiniment perpétuer et multiplier les récoltes, mais on n'en sentait pas le besoin, puisque ce qu'on cultivait suffisait à la consommation, et que les dépenses qu'on aurait faites pour augmenter la production auraient été en pure perte.

A mesure que la population s'est accrue, on a défriché, on a étendu et perfectionné la culture, et la production s'est constamment tenue au niveau de la consommation.

Aujourd'hui les besoins de la société permettent moins les jachères qu'autrefois, aussi commencent-elles à disparaître par-tout où ces besoins sont plus pressans, par-tout où l'on est assuré d'une vente avantageuse des produits agricoles.

D'ailleurs, comment aurait-on pu supprimer les jachères lorsqu'on ne cultivait que des céréales, qui toutes épuisent le sol? Le repos des champs y faisait croître des herbes qui nourrissaient les animaux; et les racines enfouies par les labours fournissaient une grande partie des engrais nécessaires.

Aujourd'hui qu'on a établi avec avantage la culture de nombreuses racines et d'une grande variété de prairies artificielles, le système des jachères n'est plus tolérable et ne peut être appuyé d'aucune bonne raison.

La rareté du fumier, produite par le trop petit nombre de bestiaux qu'on pouvait nourrir sur un domaine, perpétuait les jachères; mais la facilité de cultiver des fourrages donne le moyen de nourrir un plus grand nombre d'animaux; ceux-ci, à leur tour, fournissent des engrais et des labours, et l'agriculteur n'éprouve plus le besoin de laisser reposer ses terres.

Les prairies artificielles doivent faire aujourd'hui la base de l'agriculture : par elles on a des fourrages, par les fourrages on a des bestiaux, et par les bestiaux on a des engrais, des labours, et tous les moyens d'une bonne culture.

La suppression des jachères est donc également utile au cultivateur, qui augmente ses produits sans élever ses dépenses dans la même proportion, et à la société, qui retire de la même étendue de sol beaucoup plus de subsistances, et de plus grandes ressources pour approvisionner ses ateliers d'industrie.

L'augmentation de produits qu'amène forcément la suppression des jachères n'est pas le seul bienfait qu'en retire l'agriculture. En faisant se succéder avec intelligence l'une à l'autre la culture des céréales, celle des fourrages artificiels, des plantes légumineuses, des racines, etc., et en les intercalant à propos, on bonifie la terre au lieu de l'appauvrir, on la purge des mauvaises herbes, on obtient des récoltes plus abondantes et à moins de frais ; et pendant les années où certains fourrages n'exigent que les soins de la récolte, tels que les luzernes, le sainfoin et le trèfle, on peut donner tout son temps, employer tous ses fumiers et le travail de ses bestiaux à améliorer et à amender convenablement les portions de sol qui en ont besoin : de sorte qu'au lieu de laisser en jachères improductives le tiers des terres arables, on peut les couvrir de fourrages, qui fournissent de beaux produits, engraissent le sol au lieu de l'appauvrir et le disposent à recevoir des céréales, après leur défrichement, sans le secours des fumiers.

Ce qui a le plus contribué jusqu'ici à maintenir notre agriculture dans un état de médiocrité, d'où l'exemple et les écrits de quelques agronomes instruits n'ont pas pu la tirer, c'est la manie de cultiver une trop grande étendue de terrain avec les moyens bornés qu'on a à sa disposition.

On veut tout semer sans pouvoir préparer convenablement aucune des parties du sol ; par-tout on épuise la terre au lieu de l'engraisser et de l'améliorer ; le fermier n'a pas d'intérêt à bonifier, parce que la courte durée des baux ne lui permettrait pas de jouir du fruit de son travail : il est donc forcé de vivre du jour au jour.

Au lieu d'embrasser une étendue de culture disproportionnée avec les moyens dont il peut disposer, un agriculteur intelligent doit ne s'occuper d'abord que de la partie de son sol pour laquelle suffisent ses bestiaux, ses engrais et ses amendemens.

Lorsqu'il a bien disposé cette portion de la propriété et qu'il y a établi un bon système d'assolement, il porte successivement ses améliorations sur tout le reste, et il arrive en peu d'années à retirer de son sol tous les produits dont il est susceptible.

Il n'y a que de longs baux qui puissent permettre au fermier de suivre une méthode aussi sûre et aussi sage. Ces longs baux seraient au reste dans l'intérêt du propriétaire comme dans celui du fermier.

Propriétaire d'un domaine très-étendu, je n'ai pas hésité à détourner de la rotation de mes récoltes environ cent vingt - cinq hectares d'un sol de médiocre qualité, qu'on avait fumé, tous les ans, à l'égal de mes meilleures terres, pour en extraire de chétives récoltes. Aujourd'hui, cette grande étendue de terrain est convertie en pré-gazon, et sert de pacage à mes bœufs, vaches et moutons; j'en défriche, chaque année, la cinquième partie pour y semer de l'avoine, de l'orge ou du seigle, et je la rétablis en pré-gazon l'année suivante. Je m'étais convaincu que ces terres ne me dédommageaient jamais des frais que je faisais pour leur culture en céréales, racines et légumes.

CHAPITRE VII.

DES ASSOLEMENS.

Avec des soins extrêmes, des dépenses énormes et des engrais sans mesure, on peut forcer un sol à produire toutes sortes de récoltes; mais ce n'est pas en cela que doit consister la science de l'agriculteur.

L'agriculture ne doit pas être traitée comme un objet de luxe, et toutes les fois que le produit ne paie pas largement les soins et la dépense, le système qu'on suit est mauvais.

Un bon agriculteur étudie d'abord les dispositions de son sol pour connaître les plantes qui lui conviennent le mieux; et il acquiert aisément cette connaissance par la nature de celles qui y croissent spontanément, ou par le résultat de l'expérience faite sur le terrain ou sur des terres analogues dans le voisinage.

Mais il ne se borne pas à cultiver au hasard des plantes convenables et appropriées au sol et au climat; un sol cesserait bientôt de produire, si on lui confiait, chaque année, les mêmes plantes ou des plantes de nature analogue. Pour avoir des succès constans, il faut varier les genres de végétaux et les faire succéder l'un à l'autre avec intelligence, sans jamais introduire ceux qui ne sont pas propres au sol.

C'est cet art de varier les récoltes sur le même terrain, de faire succéder l'un à l'autre des végétaux différens, et de connaître l'effet de chacun sur le sol, qui peut seul établir ce bon ordre de succession qui constitue l'*assolement.*

Un bon système d'assolement est, à mes yeux, la meilleure garantie de succès que puisse se donner l'agriculteur : sans cela, tout est vague, hasardeux, incertain.

Pour établir ce bon système d'assolement, il faut avoir des connaissances, qui manquent malheureusement à la plupart de nos agronomes.

Je vais rapprocher des faits et poser quelques principes qui pourront servir de guide dans cette importante opération de l'agriculture.

On trouvera des renseignemens plus étendus dans les bons ouvrages de MM. Yvart et Pictet (*).

PREMIER PRINCIPE. — *Toute plante épuise le sol.*

La terre sert de support à la plante; les sucs dont elle est imprégnée forment ses principaux alimens. L'eau sert de véhicule aux sucs; elle les charie dans les organes ou les présente aux suçoirs des racines, qui les absorbent. Les progrès de la végétation appauvrissent donc constamment le sol; et si les sucs nutritifs n'y sont pas renouvelés, il finit par devenir stérile.

Ainsi une terre bien pourvue d'engrais peut nourrir successivement quelques récoltes; mais on les verra dégénérer progressivement,

(*) *Cours oomplet d'agriculture*, articles ASSOLEMENT et SUCCESSION DE CULTURE, par Yvart; *Traité des assolemens*, par Ch. Pictet.

jusqu'à ce que la terre soit complétement épuisée.

IIe. PRINCIPE. — *Toutes les plantes n'épuisent pas également le sol.*

La plante se nourrit par l'air, l'eau et les sucs contenus dans le sol ; mais les divers genres de végétaux n'y puisent pas une égale quantité de nourriture. Il y a des plantes qui ont besoin d'avoir constamment les racines dans l'eau, d'autres se plaisent dans les terres arides, plusieurs, enfin, ne pros·pèrent que dans les meilleurs sols enrichis d'engrais.

Les céréales et la plupart des graminées poussent de longues tiges où domine le principe fibreux ; elles sont garnies à la base de quelques feuilles, dont le tissu serré et le peu de surface ne leur permettent pas d'absorber beaucoup ni dans l'eau ni dans l'air. Les racines tirent du sol la principale nourriture de la plante ; la tige fournit de la litière ou un aliment aux animaux : de sorte que ces plantes épuisent le sol sans le réparer sensiblement ni par les tiges, qu'on coupe pour les faire servir à des usages particuliers, ni par les racines, qui seules restent dans la terre, mais qui sont desséchées et épuisées par la fructification.

Les plantes, au contraire, qui sont pourvues d'un grand système de feuilles grasses, larges, spongieuses, toujours vertes, soutirent de l'atmosphère l'acide carbonique et l'oxigène, et pompent de la terre les autres substances dont elles se nourrissent. Si on les coupe en vert, la déperdition des sucs contenus dans le sol est moins sensible, parce qu'ils lui sont restitués en partie par les racines. Presque toutes les plantes qu'on cultive comme fourrage sont de ce genre.

Il y a des plantes qui, quoique généralement destinées à produire de la graine, épuisent moins le sol que les céréales, c'est la nombreuse famille des légumineuses : celles-ci tiennent le milieu entre celles des deux classes dont je viens de parler. Leurs racines pivotantes ameublissent le sol; leurs feuilles larges et leurs tiges épaisses, lâches, spongieuses, absorbent aisément l'air et l'eau. Ces parties conservent long-temps les sucs dont elles sont imprégnées, et les rendent tous au sol lorsqu'on enterre la plante avant sa maturité : dans ce dernier cas, le champ est encore disposé à recevoir et à nourrir une bonne récolte de céréales. Les fèves produisent éminemment cet effet; les gesses et sur-tout les pois possèdent cette vertu à un moindre degré.

En général, les plantes qu'on coupe en vert au moment de la floraison, de quelque nature qu'elles soient, épuisent peu le sol; elles ont pris, jusqu'à cette époque, presque exclusivement dans la terre, l'eau et l'atmosphère, les principes de leur nutrition. Leurs tiges et leurs racines sont chargées de sucs, et les parties qu'on laisse dans la terre après la fauchaison, lui rendent tout ce qu'elles en avaient extrait pour leur propre nourriture.

Du moment que la graine commence à se former, le système de nutrition change : la plante continue à puiser non-seulement dans la terre et l'atmosphère pour développer ses fruits, mais elle pompe encore les sucs qu'elle avait déposés dans ses tiges et ses racines pour concourir à leur formation : c'est dans ce moment que les tiges et les racines s'épuisent et se dessèchent. Lorsque les fruits sont parvenus à maturité, le squelette du végétal abandonné à la terre ne lui rend qu'une faible partie des sucs qu'il en avait retirés.

Les graines huileuses épuisent plus le sol que les graines farineuses : l'agriculteur ne saurait employer trop de soins pour purger son sol de quelques mauvaises herbes de cette nature, qui s'en emparent avec tant de facilité, sur-tout de la moutarde sauvage, *sinapis arvensis*, dont les champs cultivés sont très-souvent couverts.

IIIe. PRINCIPE. — *Les plantes de différens genres n'épuisent pas le sol de la même manière.*

Les racines des plantes de même espèce ou de la même famille tracent dans le sol de la même manière ; elles pénètrent à une égale profondeur ; elles s'étendent à la même distance, et épuisent toute la partie qu'elles embrassent ou qu'elles atteignent.

Les racines sont d'autant plus divisées,

qu'elles se logent plus près de la surface, et qu'elles occupent moins d'étendue dans le terrain.

Si les racines sont pivotantes et qu'elles plongent à une grande profondeur, elles jettent peu de radicules sur leur surface, et vont chercher au loin la nourriture pour alimenter la plante.

J'ai eu souvent la preuve de ce que j'avance, et je n'en donnerai qu'un exemple : lorsqu'on transplante un navet ou une bette-rave, et qu'on coupe la pointe de la queue, la racine ne pouvant plus gagner la profondeur du sol pour y aller puiser sa nourriture, se recouvre, sur toute sa surface, de filamens ou radicules qui s'étendent à une certaine distance, et prennent dans la première couche du terrain les sucs nutritifs qui y sont contenus; la racine s'arrondit au lieu de s'allonger.

Les plantes n'épuisent donc que la partie du sol où leurs racines peuvent atteindre; et une racine pivotante peut trouver une abondante nourriture dans un terrain dont une plante à racine traçante et courte aura épuisé la surface.

Les racines des plantes de même espèce, et celles de leurs analogues, prennent toujours la même direction dans un sol qui leur permet un libre développement. Elles parcourent et usent la même couche de terrain : aussi voit-on prospérer rarement des arbres qu'on fait succéder à d'autres arbres de même espèce, à moins qu'on n'ait laissé écouler un temps convenable pour décomposer les racines des premiers et donner un nouvel engrais à la couche de terre.

Pour prouver que les différens genres de plantes n'épuisent pas le sol de la même manière, il me suffirait peut-être de faire observer que la nutrition des végétaux n'est pas un effet purement mécanique; que la plante n'absorbe pas indistinctement et dans les mêmes proportions tous les sels et les sucs qu'on lui présente, et que, soit que la vitalité ou la conformation des organes influent sur l'action nutritive, il y a goût et choix de sa part : c'est ce qui est suffisamment prouvé par les observations de MM. de Saussure et Davy. Ainsi, pour les plantes comme pour les animaux, il y a des alimens communs à tous, et des alimens particuliers pour quelques espèces. Cette vérité est mise hors de doute, par le choix que font les plantes de certains sels, de préférence à d'autres.

IVe PRINCIPE. — *Toutes les plantes ne rendent pas au sol la même quantité ni la même qualité d'engrais.*

Les plantes qui végètent sur un sol en épuisent plus ou moins les sucs nutritifs; mais toutes y laissent quelques dépouilles qui en réparent en partie les pertes. On peut placer les céréales et les oléagineuses à la tête de celles qui épuisent le plus et qui réparent le moins. Dans les pays où l'on arrache les plantes, elles ne rendent absolument rien à la terre qui les a nourries.

D'autres plantes qui grènent sur le sol, consomment, à la vérité, une grande partie des engrais qui y sont déposés; mais les racines de quelques-unes ameublissent le sol à une grande profondeur; elles couvrent sa surface des feuilles qui se détachent de la tige pendant les progrès de leur végétation, et elles rendent à la terre plus que les autres.

D'autres enfin conservent, après la production de leurs fruits, des tiges et des racines fortes et encore succulentes, qui, par leur décomposition, restituent au sol une partie des sucs qu'elles en ont absorbés : quelques légumineuses sont dans ce cas.

Plusieurs plantes qu'on ne laisse pas grener épuisent peu. Celles-ci sont très-précieuses pour les assolemens, attendu que le même terrain peut produire, pendant de longues années sans le secours de nouveaux engrais : les trèfles et sur-tout les luzernes et les sainfoins sont de ce genre.

V^e. PRINCIPE. — *Toutes les plantes ne salissent pas également le sol.*

On dit qu'une plante salit le sol, lorsqu'elle facilite ou permet le développement de mauvaises herbes qui épuisent la terre, fatiguent la plante utile, s'approprient une partie de sa nourriture et en hâtent le dépérissement.

Toutes les plantes qui ne sont pas pourvues

d'un vaste système de feuilles, larges, vigou-
reuses, qui couvrent entièrement le sol, sont
salissantes.

Les céréales sont au premier rang. Leurs
tiges grêles, qui s'élèvent dans l'air, et leurs
feuilles longues et étroites, admettent aisément dans les intervalles les herbes qui
peuvent croître sur le sol, elles leur présentent même un abri tutélaire contre les vents
et la chaleur; en un mot, elles favorisent leur
développement.

Les plantes herbacées, qui couvrent de
leurs feuilles toute la surface du sol, et dont
la tige s'élève à une hauteur convenable,
étouffent au contraire tout ce qui veut croître
à leurs pieds, et le terrain reste net.

Il faut cependant observer que ce dernier
effet n'a lieu qu'autant que le sol convient à
la plante, et qu'il est pourvu d'engrais suffisans pour fournir à une belle et forte végétation; car, à défaut de ces dispositions favorables, on voit souvent ces mêmes plantes,
languissantes, se laisser peu-à-peu dominer
par des herbes moins délicates, et périr avant
le terme.

Les plantes semées et cultivées en rayons,
telles que les racines et la plupart des légumineuses, laissent entre elles de grands intervalles, qui se remplissent d'herbes étrangères; mais on nettoie le sol par des sarclages
répétés , et , par ce moyen, on le conserve
assez riche en engrais pour recevoir une autre
récolte, sur-tout lorsque la plante ne grène
pas.

Les graines des mauvaises herbes sont souvent mêlées avec les semences qu'on confie à
la terre, et on ne saurait employer trop de
soins pour en purger celles-ci; plus souvent
elles sont apportées par les vents, déposées
par les eaux, ou semées avec la fiente des animaux et les engrais.

On ne saurait trop blâmer l'imprévoyance
de ces agriculteurs qui laissent debout dans les
champs les chardons et autres plantes nuisibles ; chaque année ces plantes reproduisent
sur le sol de nouvelles semences qui l'épuisent, et s'y multiplient à tel point, qu'il devient presque impossible, par la suite, d'en
purger le terrain. On porte la négligence à
cet égard jusqu'à moissonner les céréales tout

autour des chardons, et on laisse ces derniers sur pied pour leur permettre d'accomplir librement leur végétation : combien il serait avantageux de couper toutes ces plantes avant leur floraison, et de les faire pourrir pour ajouter aux engrais d'une ferme !

Des principes que je viens d'établir on peut tirer les conséquences suivantes :

1°. Que quelque bien préparé que soit un sol, il ne peut pas nourrir une longue suite de récoltes de même nature sans s'épuiser.

2°. Chaque récolte appauvrit le sol plus ou moins, selon que la plante qu'on y cultive restitue plus ou moins à la terre.

3°. On doit faire succéder la culture des plantes à racines pivotantes à celle des plantes à racines traçantes et superficielles.

4°. Il faut éviter le retour trop prompt, sur le même sol, des plantes de la même espèce et de leurs analogues (*).

(*) Indépendamment des motifs que j'ai donnés pour ne pas faire succéder les unes aux autres des plantes de même espèce, il en est d'autres que je vais assigner. M. Olivier, membre de l'Institut de France, a décrit avec soin tous les insectes qui dévorent le collet des ra-

5°. Il ne faut pas que deux plantes qui souillent ou salissent le sol se succèdent immédiatement.

6°. La culture des plantes qui tirent du sol leur principale nourriture ne doit avoir lieu que lorsqu'il est pourvu d'engrais suffisans.

7°. A mesure qu'un sol s'épuise par des récoltes successives, on doit y cultiver les plantes qui restituent le plus d'engrais au sol.

Ces principes sont établis d'après l'expérience ; ils forment la base d'une agriculture riche par les produits, et sur-tout économique, par la diminution des labours et des engrais ; ils doivent servir de règle à tous les cultivateurs : mais leur application doit être modifiée

cines des céréales, et qui se multiplient à l'infini lorsque le même sol leur présente, plusieurs années de suite, des plantes de la même espèce ou des analogues ; ces mêmes insectes sont forcés de périr toutes les fois qu'après une céréale on cultive des végétaux qui ne peuvent pas servir d'aliment à leurs larves.

Ces insectes appartiennent à la famille des tipules ou à celle des mouches. (Seizième volume des *Mémoires de la Société royale et centrale d'Agriculture de Paris.*)

selon la nature des sols, la variété des climats et les besoins de chaque localité.

Prescrire une série de récoltes successives et variées, sans avoir égard à la différence des sols, ce serait induire en erreur et compromettre la doctrine des assolemens aux yeux de quelques agriculteurs trop peu éclairés pour apporter dans leurs localités les changemens nécessaires.

La luzerne et le sainfoin sont placés parmi les végétaux qu'on fait entrer dans le système des assolemens ; cependant ces plantes exigent un sol profond et pas trop compacte, pour que leurs longues racines puissent s'y établir.

Le lin, le chanvre, le blé, demandent un bon terrain et ne peuvent être admis comme assolement que dans les sols bien préparés et très-fertiles.

Les terres légères et arides ne doivent pas être assolées comme les sols compactes et constamment humides.

Chaque espèce de sol veut donc un assolement particulier, et chaque agriculteur doit établir le sien d'après une connaissance parfaite de la nature et des propriétés de celui qu'il a à cultiver.

Comme dans chaque localité le sol présente des nuances, en qualité, plus ou moins prononcées, selon l'exposition, la profondeur, la composition, etc., le propriétaire doit varier ses assolemens et en établir de particuliers pour chaque espèce.

Les besoins des localités, l'écoulement plus ou moins facile des produits, la valeur comparée des diverses récoltes, doivent encore entrer comme élémens dans la détermination de l'agriculteur.

En Angleterre et dans quelques pays du Nord, le retour de l'orge revient fréquemment dans les assolemens, parce que ce grain y trouve une consommation assurée dans les nombreuses brasseries qui y existent. Dans la Belgique, sur les bords du Rhin, en Russie, le seigle est généralement cultivé, parce que les immenses distilleries d'eau-de-vie de grain, et le besoin de nourrir un grand nombre d'animaux avec le marc ou la drêche lui donnent un écoulement sûr et avantageux. La culture des plantes tinctoriales, telles que la gaude et la garance, sera plus avantageuse dans le voisinage des grands ateliers de teinture que dans les pays qui n'en offrent aucune consommation. En France, où l'abondance et le bas prix du vin ne permettent pas d'espérer un grand débouché pour la bière; en France, où la plus grande partie du peuple est accoutumée à faire sa principale nourriture du pain de froment, on cultive de préférence le blé partout où il peut croître, et on ne destine à la culture des autres grains que les sols de qualité médiocre.

Avant d'arrêter son système d'assolement, l'agriculteur doit encore peser une autre considération. Quoique ses terres puissent être très-propres à un genre de culture, son intérêt peut ne pas lui permettre de s'y livrer : plus une denrée est abondante, plus le prix en est avili; on doit donc préférer celle dont le débit est assuré. Si un produit ne se consomme pas sur les lieux, il faut alors calculer les frais de transport et la facilité de la vente dans les pays de consommation.

Un propriétaire doit pourvoir largement aux besoins des animaux et des hommes qui vivent sur le domaine, avant de s'occuper de produire de l'excédant ; il disposera donc ses assolemens de manière que sa terre lui présente en tout temps une variété de récoltes, qui assurent la subsistance de tout ce qui est employé à l'exploitation.

Un agriculteur intelligent doit travailler à diminuer les transports lorsque les terres sont éloignées de l'habitation ; il donnera donc la préférence, pour celle-ci, aux récoltes en fourrages ou en racines qu'il peut faire manger sur place par ses bestiaux, et à celles qu'il a le projet d'enfouir.

Il faut encore avoir l'attention, lorsqu'on sème sur des terres légères et disposées en pente, de n'employer que des végétaux qui recouvrent le sol par leurs feuilles nombreuses, qui en lient toutes les parties par leurs racines, et le préservent à-la-fois du dégât des fortes pluies, qui l'entraînent, et de l'ardeur directe du soleil, qui le dessèche.

Pour appuyer par des exemples la solidité des principes que j'ai établis jusqu'ici, il me suffira de faire connaître les assolemens qui sont suivis avec avantage dans les pays où l'agriculture est la plus florissante. Je commencerai par les provinces de l'ancienne Flandre, parce que c'est là que la bonne culture a pris naissance.

Dans les arrondissemens de Lille et de Douai, où le sol est de la meilleure qualité et où l'art de préparer et d'employer les engrais est porté au plus haut degre de perfection, on a adopté les assolemens suivans.

Premier assolement.

Lin ou colza,
Froment,
Fèves,
Avoine avec trèfle,
Trèfle,
Froment.

Deuxième assolement.

Navets,
Avoine ou orge avec trèfle,
Trèfle,
Froment.

Troisième assolement.

Pommes de terre,
Froment,

Racines, telles que navets ou betteraves,
Froment,
Sarrasin,
Fèves,
Avoine et trèfle,
Trèfle,
Froment.

On voit que dans cette rotation de récoltes, après avoir fumé un sol, on fait alterner les plantes épuisantes et celles qui le sont moins; et on remplace celles qui le salissent, par celles qui le nettoient par des sarclages.

C'est par des moyens semblables que, dans presque toute la Belgique, du côté de la mer, on a su féconder des sables naturellement stériles, à tel point qu'ils sont aujourd'hui aussi fertiles que les meilleures terres, et qu'on leur fait produire les plus riches récoltes en suivant de bonnes méthodes d'assolement.

Dans les sables des environs de Bruges, Ostende, Nieuport, Anvers, etc., on intercale avec intelligence la culture des céréales avec celle de la fève, du colza, de la pomme de terre, de la carotte; on y trouve l'assolement de Norfolk, si préconisé par les Anglais, qui consiste à commencer la rotation des récoltes par la culture des racines, sur un sol bien fumé, et à la faire suivre de celle d'une céréale, orge ou avoine avec trèfle, et ensuite du froment.

Dans la couche de sable aride qui forme le sol de la Campine, on voit encore avec quel succès l'industrieux habitant a su vaincre tous les obstacles et fertiliser le sol. On est étonné de trouver dans ces plaines de sable une culture admirable, qui s'améliore tous les jours par un bon système d'assolement, tel que celui-ci :

> Pomme de terre,
> Avoine et trèfle,
> Trèfle,
> Seigle et spargule la même année,
> Navets.

Dans un voyage que je fis avec Napoléon dans la Belgique, je l'entendis témoigner sa surprise à un conseil général de département de ce qu'il venait de parcourir une vaste étendue de terrain en bruyères. Il lui fut répondu : *Donnez-nous un canal pour y transporter nos engrais et en extraire nos produits, et en cinq ans ce pays stérile sera couvert de récoltes.* Le canal fut exécuté de suite, et la promesse des habitans réalisée en moins de temps qu'ils n'en avaient demandé.

Dans l'intérieur de la France, où les fourrages forment la principale nourriture des animaux, et ne peuvent pas y être suppléés ou remplacés par la drèche des brasseries ou des distilleries de grains, comme dans les pays du nord, où ces résidus forment presque leur unique aliment, on doit beaucoup plus s'occuper de la culture des fourrages et les intercaler plus souvent avec celle des céréales.

Dans toutes les terres compactes et un peu argileuses que je possède, lorsqu'elles sont profondes, après les avoir bien fumées, j'ouvre mon assolement par les betteraves, auxquelles succède le blé, que je sème immédiatement après les avoir arrachées, et sans labour intermédiaire; je remplace le blé par des prairies artificielles, et celles-ci par de l'avoine. Lorsque ces terres sont de très-bonne qualité, je fais suivre le blé par une luzerne, qui, à son tour, est remplacée par les céréales et les racines.

Dans les terres légères, profondes, sablon-neuses, mais fraîches, telles que celles des bords de la Loire, qui sont submergées une ou deux fois pendant l'hiver, je sème d'abord des vesces d'hiver, qui y produisent abon-damment, et je les remplace par des bette-raves.

Indépendamment du besoin que j'ai des betteraves pour alimenter ma fabrique de sucre, je crois que la culture de cette plante, comme fourrage, est la plus avantageuse de toutes. On peut nourrir les bestiaux avec les feuilles pendant les mois d'août et de septem-bre, en ne cueillant que celles qui sont parve-nues au terme de leur accroissement, et la racine offre la ressource de vingt à trente milliers de nourriture, par arpent de Paris, ou plus de quarante milliers par hectare.

Les terres de première qualité, c'est-à-dire, celles qui possèdent ou réunissent à une bonne composition terreuse la profondeur, l'exposition et des engrais convenables, peuvent recevoir dans leur assolement toutes les plantes qui conviennent au climat; mais il n'en est pas de même des sols qui ne jouissent pas de toutes ces qualités.

Dans les terres siliceuses ou calcaires, généralement sèches, on peut intercaler la culture du seigle, de l'orge, de l'épeautre avec celle du sainfoin, du lupin, de la lentille, du haricot, du pois chiche, de la rave, de la gaude, du sarrasin, de la pomme de terre, etc. On donne toujours la préférence à celles que l'expérience a fait connaître comme les plus appropriées au sol et au climat, ainsi qu'à celles dont le produit est le plus avantageux au propriétaire.

Dans les terres compactes, où l'argile concourt à donner de bonnes qualités au sol, et qui sont propres au froment, on peut composer ses assolemens du blé, avoine, trèfle, luzerne, vesces, fèves, turneps, raves, navets, choux, colza, etc.

Dans ces divers sols, on établit toujours la succession ou la rotation des plantes qui leur conviennent, en se conformant aux principes que j'ai déjà développés.

Les assolemens bien raisonnés écono-
misent les labours, les fumiers, les transports, etc.; ils augmentent les produits d'une
exploitation; ils fournissent les moyens d'é-
lever et d'engraisser un plus grand nombre
de bestiaux, et ils améliorent le terrain à tel
point qu'il change de nature, et qu'on peut
parvenir à cultiver les plantes les plus délicates et les plus exigeantes, dans un sol originairement ingrat ou stérile : les sables arides
d'une grande partie de la Belgique et plusieurs terres d'alluvion le long de nos grandes
rivières, nous en offrent des exemples nombreux.

Un bon système d'assolement donne seul
la garantie d'une prospérité durable en agriculture.

CHAPITRE VIII.

TABLEAU DES PRODUITS DE L'AGRICULTURE FRANÇAISE.

LE recensement des produits de l'agriculture française, fait avec soin depuis 1800 jusqu'à 1812, a donné pour résultat moyen de ces douze années (*) :

1°. Froment................... 51,500,200 hectol.
2°. Seigle et méteil........... 30,290,161
3°. Maïs..................... 6,302,316
4°. Sarrasin ou blé noir....... 8,509,473

(*) On peut consulter mon *Traité sur l'industrie française*, pour avoir des détails sur tous les produits que je réunis ici en tableau : on y trouvera non-seulement les développemens et les renseignemens qui ont été jugés nécessaires pour établir ces résultats , mais encore l'estimation et l'évaluation de tous ces produits en argent.

5°. Orge...................... 12,576,503 hectol.

6°. Légumes secs.............. 1,798,616

7°. Pommes de terre........... 19,800,741

8°. Avoine.................... 32,066,587

9°. Menus grains.............. 1,103,177

10°. Vins..................... 35,358,890

11°. Laines { mérinos............ 790,175 kilogr.

{ métisses........... 3,901,881

{ communes.......... 33,236,487

Total........ 37,928,543 kilogr.

12°. Cocons de soie............ 5,157,609 kilogr.

13°. Chanvres et Lins.......... 49,677,300

14°. Huiles de toute sorte....... 130,000,000

Indépendamment de ces produits principaux de l'agriculture française, il y a plusieurs récoltes particulières, qui, sans présenter d'aussi grands résultats, enrichissent
quelques localités : telle est la culture de la
garance, du safran, du houblon, de la gaude,
des fruits, des légumes frais, etc.

Je crois devoir ajouter à ce tableau celui du
nombre d'animaux qui sont plus ou moins
employés à l'agriculture.

1°. Bœufs...................... 1,701,740

2°. Taureaux................... 214,131

3°. Vaches..................... 3,909,959

4°. Génisses.................... 856,122
5°. Chevaux ou mulets......... 1,406,671
6°. Poulains................... 464,659
7°. Moutons mérinos purs...... 766,310
8°. Moutons mérinos métis..... 3,578,748
9°. Moutons communs.......,.... 30,845,852
10°. Porcs.................... 3,900,000

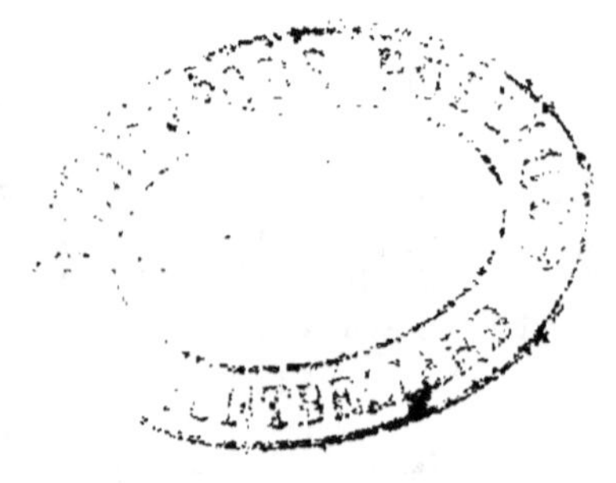

FIN DU TOME PREMIER.